JN256695

素晴らしき
サイエンス
MATHEMATICS
ぼくらは
「数学」
のおかげで
生きている
WE LIVE THANKS TO MATHEMATICS
柳谷晃

実務教育出版

はじめに

本書は、これまで数学がどのように使われてきたか、また現在どのように使われているかを少しでも感じていただくためにまとめました。

昔の人は数学が生活に密着しているという感覚を、現代人よりはるかに持っていたと思います。特に為政者にとっては、国を治めるためになくてはならない手段だったはずです。例えば、巨大なピラミッドを作るために、「ピタゴラスの定理」はなくてはなりませんでした。そのピラミッドを作るために動員された人たちは、ピラミッド建設の技術を自分の村に持ち帰り、実際の生活の中で使うことで社会全体の知識や技術が発展していきました。

数学には長い歴史があります。人間と一緒に進歩し、次々と新しい手段が作られてきました。それは、たくさんの人々の苦労の賜です。今では意識せずに使っているインドアラビア数字も、一朝一夕にできたわけではありません。

未知数を「x」とする発想も、古代の人にはありませんでした。数を文字で表すようになってから500年くらいです。多くの天才が便利に使えるように工夫してきた成果です。

また、数学は人類が危機に直面したときこそ、進歩してきました。感染経路がわからないペストにヨーロッパが悩まされていた時代、どのくらいの速さで感染者が増えるのか、ニュートンとライプニッツが作ったばかりの微分積分を、感染モデルに応用しようとした人たちがいました。

数学をものすごく好きにならなくてもけっこうです。一部の数学者や学校の先生が言うように、「数学は美しい」と感じなくてもかまいません。

ただ、数学を使えることが大切だ、と考える人が増えれば増えるほど、その国の実力が上がります。微分積分を100人に1人が使える国と、10人に1人が使える国では、どちらがいいか言うまでもありません。

現代の学校教育も、この社会全体のレベルを上げるためにあるはずですが、数学がどのように使われているかまで教える時間はありません。しかし、私たちは毎日数学のお世話になっています。現代社会は数学と日々の生活の間に深い溝ができ、数学が役に立つという実感が薄れているのではないでしょうか。本書によって、その溝を少しでも埋められたらと願っています。

出版にあたって、実務教育出版の佐藤金平さんに大変お世話になりました。

数学は、人が幸せになるためのものです。数学の知識が増えるほど幸せになれる社会ができる、とご理解いただければ幸いです。

２０１５年７月

柳谷晃

Contents

ぼくらは「数学」のおかげで生きている

PART 1

ぼくらは大昔から「数学」に助けられてきた！

PART 2

「数学」を通して日常のアレコレを考えてみる

PART 3 お金にまつわる「数学」

PART 4

自然科学やテクノロジーの「数学」

PART 5

あの有名な「定理」はホントに役立っているのか?

装丁◎井上新八
カバー写真◎©Imgorthand/Getty Images
イラスト◎福々ちえ
本文デザイン◎新田由起子(ムーブ)
本文DTP◎川野有佐(ムーブ)

序章

そもそも「公理」や「定理」って？

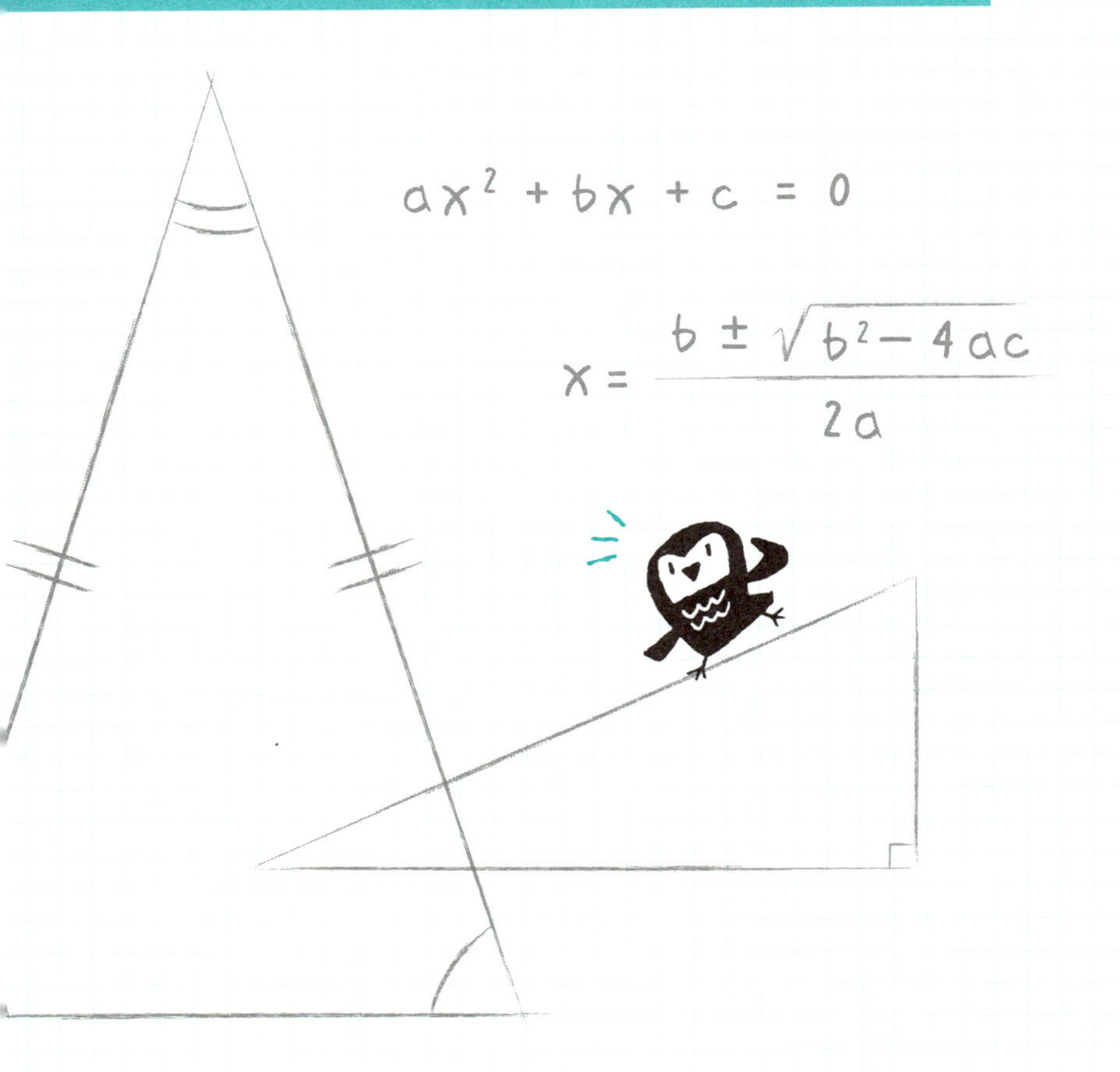

〝言葉〟より始めよ

数学を勉強するときに最初にすべきは、約束事を覚えることです。そうしないと、何もできません。特に最初に覚えなければならないのが、数学の〝言葉〟です。

「ペン」と言ったとき、頭の中でサインペンを思い浮かべる人もいれば、ボールペンや鉛筆を思い浮かべる人もいます。数学を勉強するには、このようなズレが極力起きないようにしなければなりません。「ペン」と言ったら、その言葉が何を表すのかを最初に決めておかなければならないのです。

これを数学では「**定義**」と言います。定義がないと、言葉が具体的に何を表しているのか正確に伝わりません。同じ言葉でも人によって思い浮かべることが違うと、その先の行動まで変わってしまうのです。

様々な分野で専門用語が使われるのは、言いたいことを正確に伝えるためです。専門用語を使った話は難しいと思うかもしれませんが、それが何を表しているかを覚えることで、主張を正しく理解することができます。むしろ、定義があるからこそ、混乱を招かないのです。

例えば、二等辺三角形の定義は「少なくとも2つの辺が等しい三角形を二等辺三角形と

● **二等辺三角形の「定義」**

少なくとも２つの辺が等しい三角形を
二等辺三角形と呼ぶ。

● **二等辺三角形の「定理」**

二等辺三角形の２つの底角は等しい。

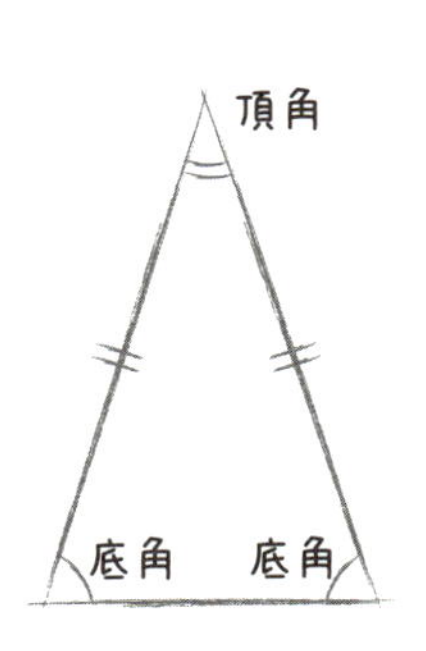

呼ぶ」です（上記参照）。この定義から、特別な性質を持っている三角形であることが伝わるでしょう。

公理と定理と公式を区別できる？

数学には、定義以外にも「公理」「定理」「公式」という言葉があります。聞いたことはあっても、違いをちゃんと理解している人は少ないかもしれません。これらは、どういう関係なのでしょうか。

まず、古代ギリシャの数学者ユークリッドが書いたとされる、数学書「原論」の中にある公理を見てください（次ページ参照）。「なんでこんな当たり前のことをわざわざ書くのか？　誰だって、正しいと認めるよ」と思いそうなことばかりが並んでいますね。この公理を使って、定義から導かれることが「**定理**」なのです。

二等辺三角形を例に見てみましょう。「二等辺三

●ユークリッドの原論の「公理」

1．同じものに等しいものは、互いに等しい。
2．同じものに同じものを加えた場合、その合計は等しい。
3．同じものから同じものを引いた場合、残りは等しい。
4．不等なものに同じものを加えた場合、その合計は不等である。
5．同じものの２倍は、互いに等しい。
6．同じものの半分は、互いに等しい。
7．互いに重なり合うものは、互いに等しい。
8．全体は、部分より大きい。
9．２線分は面積を囲まない。

角形の2つの底角は等しい」というのは、定理です。それは二等辺三角形の定義から証明されることです。このように、定義から定理を導くための文章を「**証明**」と言います。定理を証明するために、「皆さん、これだけは認めましょう」という手段とお約束が「**公理**」なのです。

高度な数学になると、とても認められると思えないようなことも、公理になることがあります。数学の理論に意味があるかないかは、この公理からおかしなことが導かれないかどうかで判断します。つまり、1つの文章を考えたときに、それが正しいか、間違っているか、どちらかの結果でなければならないのです。これを、数学では「無矛盾である」と言います。

ここまでの話で、「定義」と「定理」の違いがおわかりになったでしょうか。定義は言葉の意味を確

●ユークリッドの平行線の公準（第５公準）

１つの直線が２つの直線に交わり、同じ側の内角の和が２直角より小さいならば、この２つの直線は限りなく延長されると、２直角より小さい角のある側において交わる。

定するもので、証明する必要はありません。定理は定義から公理を使って証明しなければなりません。その際には、すでに正しいと証明された別の定理を使ってもかまいません。とりわけ、よく使う定理の中で計算するのに便利なものを「**公式**」と呼びます。まずは、これらの「公理」「定理」「公式」「定義」を区別して理解しておきましょう。

▽公理になれなかった公準

今しがた、ユークリッドの原論にある公理は誰もが認めるようなことばかりと書きましたが、実は例外もあります。複雑になればなるほど、皆が正しいと思うものにも、かなり高度な知識が必要となります。公理の中に書いてあること自体が難しくなるのです。

その１つが、「**平行線の公準**」です。一見したところ、何の変哲もないことを言っているように読めます。ユークリッドは、「原論」で証明したかったようですが、うまくいきま

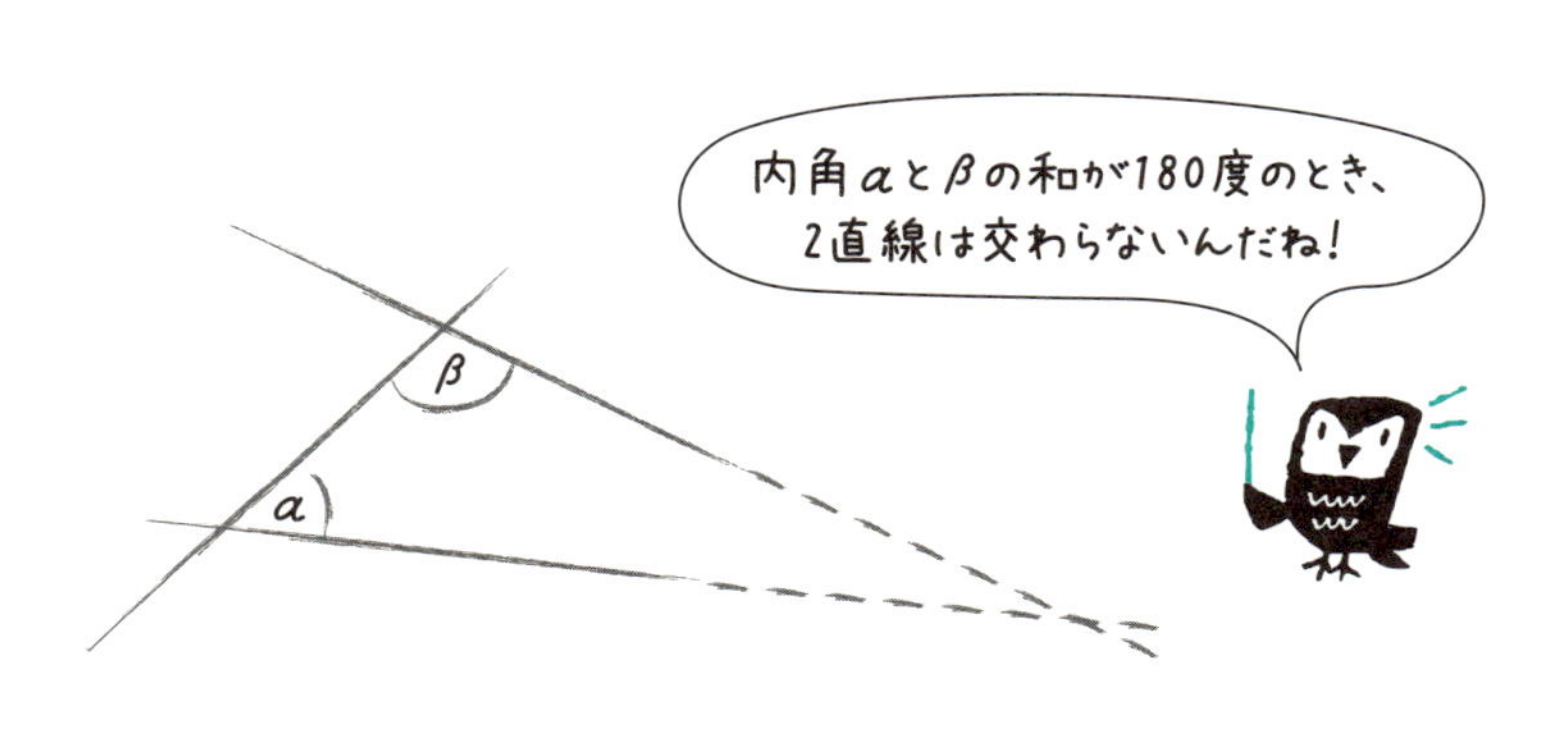

せんでした。それで、公理にすることはできない、公理よりもう少し定理に近いものとして分類したのです。呼称も、あえて平行線の公理ではなく、平行線の公準としました。

第5公準はなぜ重要なのか？

一般的には、「平行線は交わらない2直線のことである」と定義しても問題ありません。

では、2直線はどんなときに交わらないのでしょうか？　それを考えるには、先ほどの公理や、後で述べる公準を考慮します。

内角α（アルファ）とβ（ベータ）を足して180度ピッタリのとき、2直線は交わりません。ユークリッドとしては、「第5公準を示せばいいよ」と言いたかったのでしょうが、証明はできませんでした（それが後々、大きな問題となります）。

他の公準は文章も短いですし、第5公準はあまりに当たり前すぎることだけに、原論の中でひと際目立っています。あらためて、すべてのユークリッドの公準を見てみましょう。

1. 任意の一点から他の一点に対して直線を引くことができる
2. 有限の直線を連続的にまっすぐ延長することができる
3. 任意の中心と半径で円を描くことができる
4. すべての直角は互いに等しい
5. 直線が2直線と交わるとき、同じ側の内角の和が2直角より小さい場合、その2直線が限りなく延長されたとき、内角の和が2直角より小さい側で交わる

1～4の公準は、誰もが認めることだと思います。5の公準も当たり前と言えば当たり前ですが、他よりも文章が長く内容が単純ではありません。後世の数学者が、「ユークリッドは第5公準を定理にしたかったのではないか？　証明したかったのではないか？」と考えるのも当然でしょう。

なぜ、ユークリッドはそれほど第5公準の証明にこだわったのでしょうか？　それは、第5公準と同値な定理に、幾何の重要な定理が多いからです。同値とは、2つの定理A、

Bがあるときに、次のことが成り立つという意味です。

AからBを証明できる。

BからAを証明できる。

これが同時に成り立つとき、定理Aと定理Bは同値と言います。お互いに相手を証明できるので、数学としては同じことを主張していることになります。

ユークリッドの第5公準と同値になる定理には、次のようなものがあります。どれも中学レベルの幾何の中心となる定理です。

「ある直線上にない点を通る、もとの直線に平行な直線はただ1つしかない」

「三角形の内角の和は180度である」

「平行線の作る同位角が等しい」

他にもありますが、この3つだけでもどれだけ重要な定理と同値なのかがわかると思います。数学者が第5公準を証明したくなるのも無理からぬこと。ただ、その試みは失敗に終わりました。「証明できないのでは?」と考えられたのも不思議ではありません。

そんなとき、ロバチェフスキーとボヤイが第5公準が成立しないという前提の、新しい幾何を作りました。それが非ユークリッド幾何学です。当たり前と思われていたことを疑うことで、新しい数学の分野が生まれたのです。

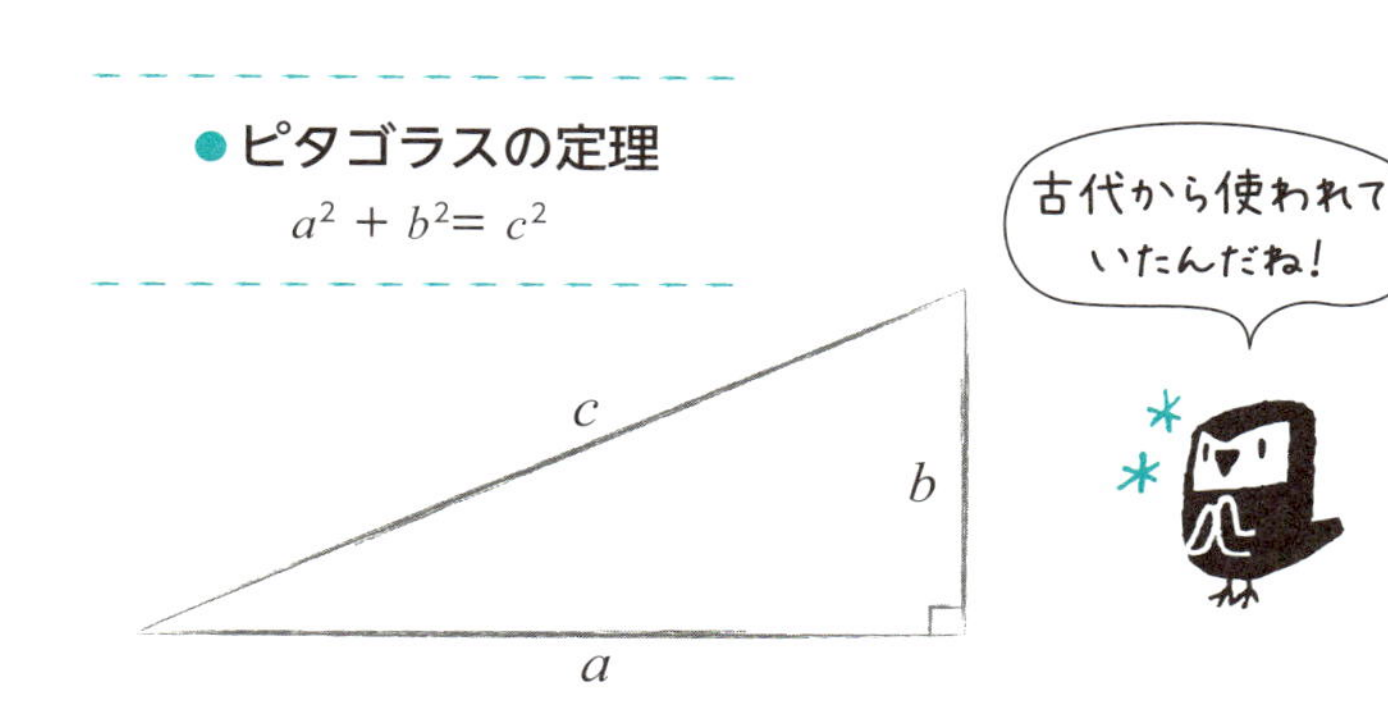

数学を現実に応用した歴史ある定理

数学の定理で、ピタゴラスの定理ほど有名なものはありません。中身をよく知らない人でも、名前くらいは聞いたことがあるでしょう。これは、人類がはじめて使った定理ではないか、とも言われています。

ちなみに、ピタゴラスは哲学者のように思われがちですが、ピタゴラス学派という宗教的思想団体の教祖のような人物だったようです。

ピタゴラスの定理は、世界四大文明でも使われていました。エジプトではピラミッドなどの建物を歪まないよう建てる際に使われ、中国の黄河文明でも橋を架けるために川の幅を測る際に使われました。

この時代は、ピタゴラスが生まれるよりも前です。つまり、彼らは「ピタゴラスの定理」と名づけられるよりも前に、定理の存在を知っていたことになります。

ただ、知っていても証明方法まではわからなかったでしょう。ピタゴラス自身も証明方法を知っていたかどうか疑問だ、と言う人もいるくらいです。

大工も重宝するピタゴラスの定理

ピタゴラスの定理は垂直を作るだけでなく、2点の距離を調べるためにも使えます。大工は、この定理で直角三角形を使って平方根を求めていました。ここでは、辺の長さに平方根が出てくるような開平（平方根を求めること）の仕方を考えてみましょう。ピタゴラスの定理を使って、平方根の長さが出てくる直角三角形を作ればよいのです。

∠Cが直角で、斜辺AB=3　高さBC=2となる直角三角形を図のように描きます。

するとピタゴラスの定理より

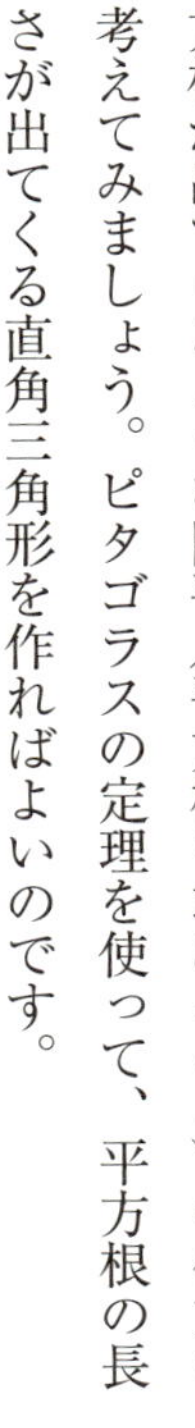

$CA^2=AB^2-BC^2=3^2-2^2=9-4=5$

という計算ができます。この式から、$CA=\sqrt{5}$となります。

ですから、曲尺（かねじゃく）で最初に高さが2となるようにBとCを決めて、Cから垂線を引いておきます。次に、Bから斜辺

AB=3となるようにAを決めればいいのです。これで底辺が5の平方根となる直角三角形が描けます。

大工の知恵にもピタゴラスの定理が使われていたのです。

2次方程式は面積、体積を求めて生まれた

人類が2次方程式を解いた歴史は、かなり大昔にまでさかのぼります。チグリス・ユーフラテス川流域のバビロニア文明、ナイル川のエジプト文明、黄河流域の中国古代文明、インダス川流域のインダス文明、それぞれの文明で2次方程式を使って解いた問題が残っています。

例えば、紀元前1650年頃の古代エジプト、アーメスのパピルスには1次方程式も2次方程式も書かれています。カフン遺跡で見つかったテーベパピルスには、次のような2次方程式の問題がありました。

「2つの正方形の辺の比を1：3／4とし、面積の和を100にせよ」

つまり、「正方形の土地の面積を足し合わせて100にしなさい」という問題です。これは、畑の面積の和を求めていると考えられます。この問題を解くためには、実際に測ればよいわけではありません。計算して、方程式を解かないと辺の長さを求められません。

面積や体積が大切なのは、その大小によって集める税金の量、年貢が決まるからです。古代文明でも豊臣秀吉の太閤検地のような土地の測量調査が行われていたということです。

さらに、穀物を貯蔵する建物の大きさも大切です。どのくらいの穀物を保管できるかを把握しておかなければ、倉庫に入り切らなくなってしまいます。これは倉庫の体積を求めることで解決します。このように、面積や体積は古代文明の人々にも、身近な「量」だったのです。

数を文字で表す発想の誕生

古代文明の粘土板やパピルスに2次方程式の問題があった理由が、おわかりになったと思います。

では、その解き方はどのように書かれてあったのでしょうか？　実際は、「この数字と、この数字をこのように組み合わせなさい」と簡単に書いてあっただけです（数字は実際の数値が使われていた）。それを使って色々な2次方程式を解けるようになるには、大変な勉強が必要だったと思います。江戸時代の和算の教科書も似たようなもので、問題に対する簡単な解き方の解説と答えがあるだけでした。

読者の皆さんは学校で2次方程式を習った際、実際の数を使った解き方ではなく、解の

● 2次方程式

$$ax^2 + bx + c = 0$$

● 2次方程式の解の公式

$$x = \frac{-b \pm \sqrt{b^2 - 4ac}}{2a}$$

公式を習ったはずです。この公式は、フランソワ・ヴィエトによって作られました。ヴィエトは、16世紀にフランス王アンリ3世とアンリ4世に仕えた法律顧問でした。彼は2次方程式だけでなく、天文学で使われる球面三角法、円周率の厳密な計算、暗号の解読などにも、才能を発揮しました。

　ヴィエトの解の公式は、どんなことをもたらしたのでしょうか？　上記のように係数a、b、cを使って、2次方程式の解を計算することができます。これは1500年代前半以前にはありませんでした。なぜなら、アルファベットを使って係数を表現する発想がなかったからです。「aと書くことで、どんな数でも表せる」というようには考えられていませんでした。だから、「この数と、この数を組み合わせて」というように実際の計算を示すしか、解を求める方法を説明する手段がなかったのです。

　よくアルファベットの係数で表すほうが難しいと思っている人がいますが、それはむしろ逆です。例えば、係数「1.9057」の公式と、係数「a」の公式では、どちらが簡単でしょうか？　もちろんaの公式に決まっています。

しかも、アルファベットを使って係数を表すことができれば、1つの式がすべての2次方程式を表していることになります。これを**一般方程式**と呼びます。さらに、それですべての2次方程式を解くことができます。実際の数を係数に使って2次方程式を全部書こうとしたら、いくら時間があっても足りません。

解の公式には根号（$\sqrt{}$）が使われているので、この公式を使いこなすためには、平方根が必要になります。しかし、勉強さえすれば数学の才能がなくても2次方程式を解くことができるのです。つまり、普通の人でも努力をすれば2次方程式を解けるようにしてくれたのが、天才ヴィエトの力というわけです。

文字ですべての数を表すヴィエトの発想によって、数学は格段の進歩を遂げました。このことは当たり前ではありません。普通に使っている数学の表現方法も、実は多くの天才の努力の結果なのです。その人たちに感謝して、公式も大切に使わないといけませんね。

自然数・整数・分数・小数

人間は赤ちゃんから少し育ってくると、自分と他の人を区別し始めます。これが「2」という数の認識だという説もあります。そのうち1、2、3、4、5…と、もっと多くの数を数えられるようになりますが、これを**自然数**と呼びます。一般的な教科書では自然数は1から始まりますが、数学者の中には0から始めたほうがいいと主張する人もいます。それぞれの数学の研究に好都合な定義を選んでいる面があります。教科書の中に書いてあることが、絶対ではないということです。

中学になると自然数に0を付け加えて、さらにマイナスの数を学びます。……−3、−2、−1、0、1、2、3……このような数を**整数**と呼びます。整数同士は＋、−、×の計算をしても、答えは整数になります。ところが÷の計算をすると、変なことが起こります。整数と整数の割り算で、答えが整数にならないことがあるのです。小学校で一番最初に習った割り算を思い出してみましょう。例えば、次のような問題です。

「17個のみかんを5人に同じ数だけ分けるとき、何個ずつ分けられますか？　また、何個残りますか？」

この場合は、17を5で割ると、次のような計算になります。

17÷5＝3…2

3個ずつ分けられ、2個余るとわかります。この「3」を17を5で割ったときの**商**と呼び、「2」を**余り**と呼びます。

この問題では、みかんや人が出てくるので、○個ずつ分ける、△個余ると言いますが、17を5で割ることだけ考えると、次のような数で答えを表すことができます。

● 実数

有理数 …… 有限小数と循環小数

無理数 …… 循環しない無限小数

有理数の中には
整数が含まれるんだね

$\frac{17}{5}$ または $3\frac{2}{5}$

このような数が**分数**です。これは整数の中にはない数です。他にも、例えば2／3や9／7や4／2なども分数です。4／2は2と等しいように、整数を分数で表すことができます。このように整数の比で表されている数を、**有理数**と呼びます。

さらに分数を別の形でも表すことができます。例えば、3.4のように、小数点を使って表した数を**小数**と呼びます。5を2で割った数は小数だと2.5となりますが、分数だと5／2となります。

有理数は2種類の小数で表されます。2.5のように、小数点以下に限りがある**有理小数**（$\frac{17}{5}$=3.4）と、小数点以下に同じ数の繰り返しが続く**循環小数**（$\frac{7}{11}$=0.636363…）です。

これ以外に小数には、小数点以下に規則性のない数が続くものがあります。

$\sqrt{3}=1.73205\cdots$

$\pi=3.141592\cdots$

これを**無理数**と呼びます。有理数と無理数を合わせて**実数**と呼びます。この実数が数直線を埋め尽くしているのです。

分数と小数の原点

分数は古代から使われてきました。どの文明も特有の長さの単位を持っていました。建物を建設する際に物差しで測ると、どうしても切りの悪い長さになることがあります。そのとき、最小単位を半分にしたり、10分割したりして、より短いものを測る工夫をします。このとき、分数が必要となります。ところが、はっきりした小数の考え方はないと言ってもよいでしょう。

私たちの使っている数学は、主にヨーロッパで育ちました。東洋で育った数学は忘れられがちですが、小数点以下を10に分ける考え方が最初に書かれたと思われる本は、中国にありました。三国志で有名な魏の国の劉徽（りゅうき）という数学者の「九章算術注」という本に、次のように記されています。

「もし単位にはしたが出たら、目盛を10に分けて長さを測りなさい。それでまだはしたが出るようなら、さらに10に分けて長さを測りなさい。これを繰り返せば長さが測れます」。

今使われている小数の原点は、中国の可能性が高いのです。

暗黒史を抜け出した負の数

古代文明の人たちにとって、数は個数、長さ、面積などと強く結びついていたため、負の数は不適切な量とされていました。方程式を解いて負の数の答えが出たら、不適切な解として捨てられていたほどです。

負の数が市民権を得ることができたのは、ルネサンスで科学の研究が進んだ頃です。例えば、それまでは運動する方向が逆向きのとき、速度を区別することができませんでした。しかし、負の数があれば、右が正の方向、左が負の方向というように、正負で方向を表すことができます。

また、数学における「増加」は、必ずしも増えているとは限りません。「マイナス２増加した」という言い方で、２つ減ったことを表すことができます。今では、負の数はなくてはならない数になっています。

ローマ数字は一日にして成らず

皆さんが毎日何の気なしに使っている数字は、複雑に考えなくても理解できるようになっています。例えば「５７２」とは、１００が5個、10が7個、1が2個という意味です。この５７２に２８５を足すと、左記のようになります。小学校の教科書に出てくるような普通の計算ですが、そもそもこの計算ができること自体が当たり前ではありませんでした。

$$
\begin{array}{r}
572 \\
+285 \\
\hline
857
\end{array}
$$

数字の種類には色々あります。一番有名なのが、筆算にも使われているインドアラビア数字です。他にも、先ほどの「２８５」を例にとると、「二百八十五」と表す漢数字や、「CCLXXXV」と表すローマ数字があります。

ローマ数字の表記方法はローマ時代のままではなく、イギリスのビクトリア朝の頃まで変化していました。書き方の基本は、１から３までは「Ⅰ、Ⅱ、Ⅲ」と棒が増え、５は「Ⅴ」で表します。４はⅤの１つ手前ということで「Ⅳ」となります（ローマ人は大切な日をもとに「あと何日」という数え方をよくしたそうです）。

●**インドアラビア数字**	285
●**漢数字**	二百八十五
●**ローマ数字**	CCLXXXV

逆に6、7、8はⅤの後ろに棒を足していって「Ⅵ、Ⅶ、Ⅷ」と表します。10は「Ⅹ」、9はⅩの1つ手前なので「Ⅸ」で表します。100は「C」、10と100の間の50を「L」で表します。

いかがでしょうか？　ローマ数字は、桁が変わると文字も変わります。百や十の桁を表す数字をその桁の数だけ書かないといけません。筆算をしようとすると、桁にある文字を数えたり、桁の数を足し合わせて、位の単位を書かなければなりません。そのまま計算するには不便です。計算をするというよりは、記録するための数字です。ですから、実際の計算にはアバカスという、算盤のもとになった道具を使います。

インドアラビア数字のいいところ、悪いところ

インドアラビア数字は、数字の場所で桁数がわかるのがいいところです。これを位取り記数法と呼びます。「285」と書いた場合、

$$285=2\times10^2+8\times10^1+5\times10^0$$

を意味します。それぞれの位の100、10、1は書かずに済みます。

筆算の場合、足し算では縦に数字を並べて同じ位に揃った数同士を足し合わせます。下

●**位取り記数法（10 進法）**

10 進法の 537 の意味は次の通り。

$537 = 5\times10^2 + 3\times10^1 + 7\times10^0$

それぞれの位の数（10^2、10^1 など）を書かなくてもわかる。

の位の計算が10を超えれば、上の位に繰り上がります。インドアラビア数字は、現在使われている中で筆算が機能的にできる唯一の数字なのです。

しかし、当初この数字にも欠点はありました。それは、数字のない位はどう表記すればいいか、ということです。例えば、二千五と二百五と二十五はどのように区別すればいいか。

今では0が使われるのが当たり前ですが、かつては●記のように数がない位はスペースを空けて表記していました。これでは、人によってスペース幅が違って間違いの原因になります。そこで、「この位に数字はありません」という意味で「0」を使ったわけです。これが俗に言う〝0の発見〟です。

「11個みかんがあって、それらをすべて食べてなくなったので0個」の0と、位取り記数法の0は使い方が違います。この0によって、インドアラビア数字の位取り記数法の使い勝手が格段によくな

2005 ／ 205 ／ 25

↓

2　5 ／ 2 5 ／ 25

りました。私たちは、０を位取り記数法の中で上手に使った先人のおかげで便利に数字を使えているのです。

PART 1

ぼくらは大昔から「数学」に助けられてきた！

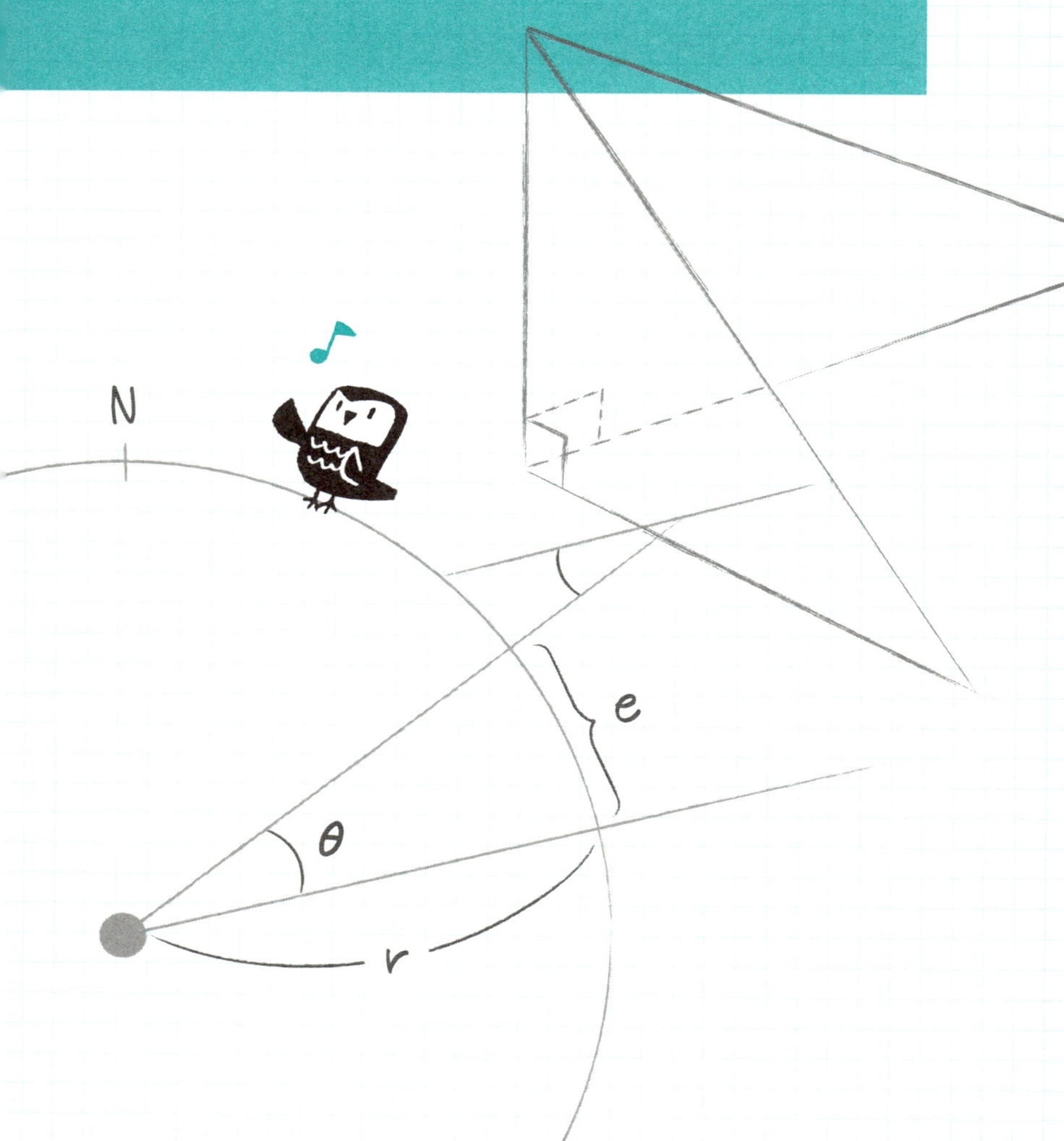

種をまく時期は「ピタゴラスの定理」でわかる！

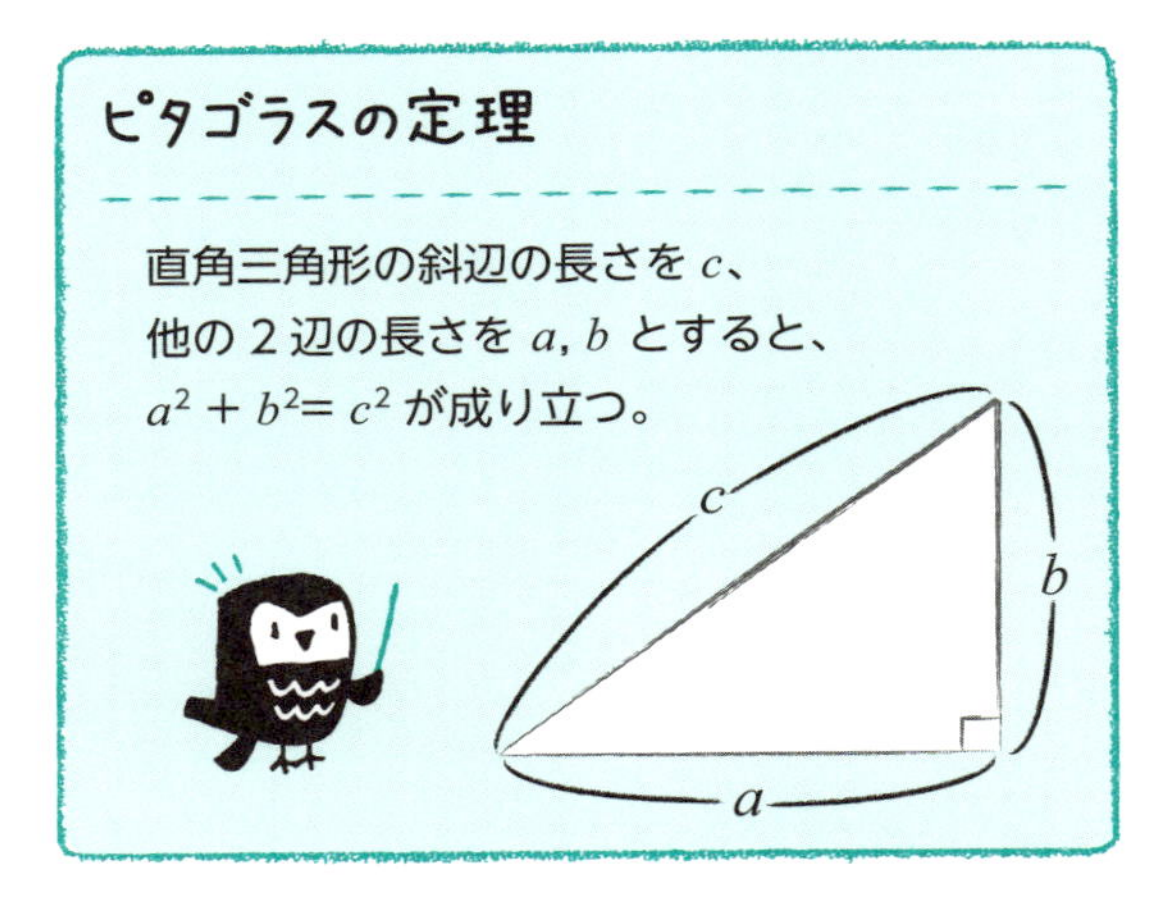

季節を測る、奇跡の棒

古代の人たちは最初、狩猟・採集生活をしていましたが、農耕生活にシフトしていくにつれ、人口もだんだんと増えていきました。その結果、ある程度組織的に農業をしなくてはならなくなり、種をまく季節や、１年間の気象の変化を知る必要が生じました。

古代の四大文明は、大河の近くで栄えました。というのも、雨期に川が氾濫すると栄養のある土が運ばれるので、種をまくにはもってこいの場所なのです。例年、雨期は同じ時期に訪れることが多く、春分、夏至、秋分、冬至の季節の変化を知ることが大切になります。

為政者の中には、天文知識がかなりある人がいたようですが、どうやって夏至や冬至を調べていたのでしょうか？　その答えは、地面に垂直に立てた棒です。その棒の影を、太陽が一番高い位置（南中）になる頃に測るのです。夏至は影が1年で最も短くなるとき。影の長さを正確に測ることで、季節の変化を正しく知ることができるのです。

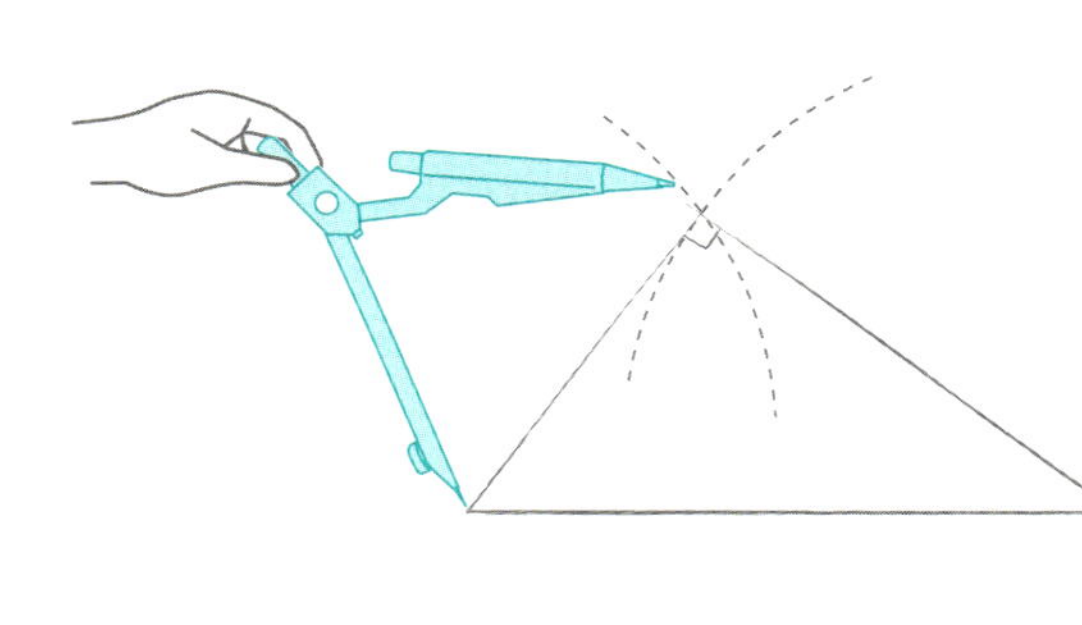

垂直までの長い道のり

棒を正確に垂直に立てると、緯度から自分の位置もわかるようになります。棒を垂直に立てるために必要なものは何でしょうか？　それは三角定規です。みなさん、小学校で三角定規を2つ組み合わせて、直角に交わる線を引いた記憶があると思います。

しかし、古代に三角定規はなかったので、自分で直角三角形を用意するところから始めなければいけません。2つの三角定規の辺の長さの比は、$1:1:\sqrt{2}$ と $1:\sqrt{3}:2$。古代にもコンパスはあったので、上図のように底辺の両端から辺の長さを半径に円を描き、交点を結んで三角形を正確に描きます。

しかし、$\sqrt{2}$（=1.414…）と$\sqrt{3}$（=1.732…）は小数点の後に無限に数が続く無理数なので、辺の長さをコンパスに厳密に移すことはできません。辺の長さが自然数の直角三角形しか、正確に作ることができません。それを可能にするのが、**ピタゴラスの定理**です。

ピタゴラスの定理が便利なのは、直角三角形の三辺の長さa、b、cについて$a^2+b^2=c^2$が成立するだけでなく、この式が三角形の三辺に成立すれば直角三角形となる点です。

ということは、$a^2+b^2=c^2$の式を満たす3つの自然数を求めれば、長さを厳密にコンパスに移すことのできる直角三角形の三辺がわかります。例えば、$3^2+4^2=5^2$が成立するということは、3、4、5の長さの三角形を描けば、5の反対側にある角が直角になるということ。この考え方は、日本の大工も使っていました。

では、直角三角形を使って、実際に垂直な棒を地面に立てるにはどうすればいいでしょうか？　直角三角形を1つ立てただけでは、不安定に揺れ動いてしまいます。そこで、前ページの図のように直角三角形を2つ組み合わせて動かないようにします。これで、厳密に垂直な棒を地面に立てることができます。

実際に見た人はもはや存在しませんが、この方法なら古代の人でも確実に垂直の棒を立てられたでしょう。ピタゴラスの生まれる前から、ピタゴラスの定理の存在を知っていた人がいたということです。

毎日、太陽が一番高いときに棒の影の長さを測り、その影が1年間で一番短い日が「夏至」となります（正確には、もっと複雑な計算が必要なのですが）。このようにして、古代の人も季節を知ることができ、種をまく時期を間違えずに済んだのでしょう。

税金徴収のために磨かれた「面積の公式」

多角形の面積の公式

● 正方形の面積
一辺の長さ × 一辺の長さ

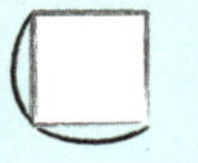

● 長方形の面積
縦の長さ × 横の長さ

● 平行四辺形の面積
底辺の長さ × 高さ

● 三角形の面積
底辺の長さ × 高さ ÷ 2

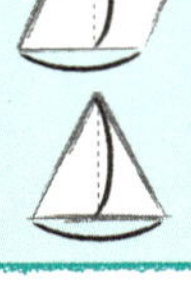

なぜ、権力者は面積計算にこだわるのか?

現代の日本では、税金をお金で払うのが基本ですが、昔は米などの穀物を育てて、現物で納税していました。江戸時代の藩の大きさの単位「石」は、米などの生産量を表しています。

米で税金を払うとなると、大切なことは何でしょう? それは、税収を計算するために、どれくらいの米を収穫できるか予測することです。そのためには、様々な形の耕地の面積を計算できなければなりません。

それは古代から変わりません。国家が自

● 弧田図

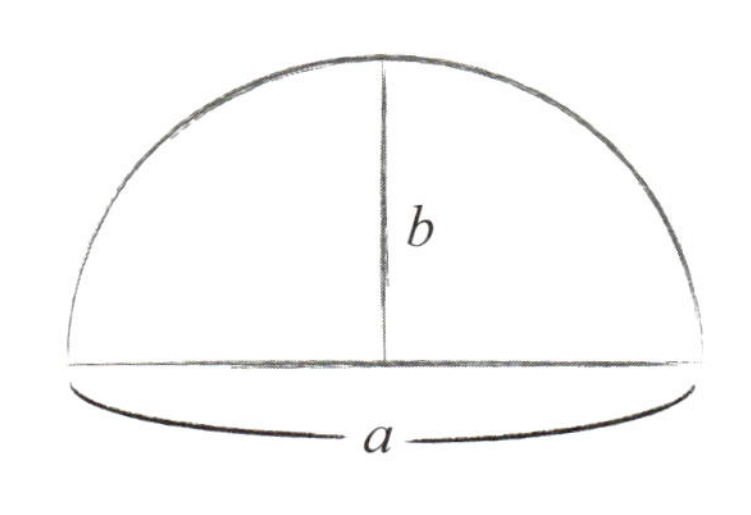

国の耕地面積を正確に把握して税金を集めるために必要となるのが「面積の計算」です。古代文明の公式には正しいものも、間違えているものもありました。正方形や長方形は正しく計算されていましたが、それ以外の四角形の面積は間違えているものが多いようです。三角形の場合は、直角三角形は正確でしたが、それ以外の三角形になると怪しくなります。

侮れない古代中国の面積の公式

古代中国の前漢時代に完成したとされる、有名な数学書『九章算術』の例を見てみましょう。この本は名前の通り9つの章があり、「方田」という章に様々な面積の計算方法が記されています。上図のような円弧型の畑の面積の計算式は、九章算術では次の通りです。

$$\frac{1}{2}(ab+b^2)$$

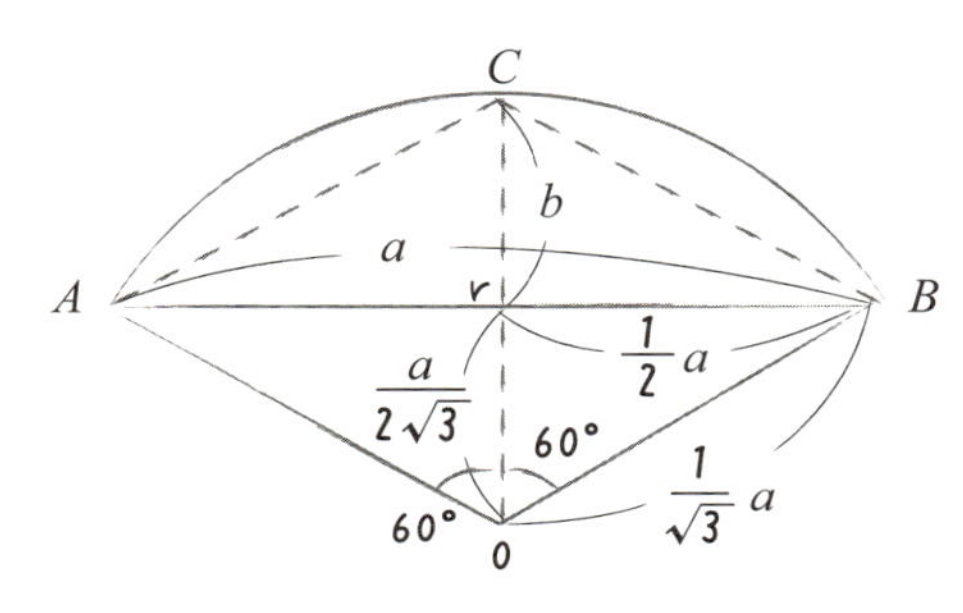

$b=\frac{1}{2\sqrt{3}}a$

30°
$\sqrt{3}$
60°
1

中心角が 120 度の弧田 ACB の面積を、現代の計算と、九章算術の計算とで、それぞれ求めてみます。

三角形の長いほうの一辺の長さ $AB=a$ を考えると、円の半径 $OB=\frac{1}{\sqrt{3}}a$ となります。

【現代の計算】

弧田 ACB

$=$ 扇型 $OACB-\triangle OAB$

$= \frac{120^\circ}{360^\circ}\times\left(\frac{1}{\sqrt{3}}a\right)^2\pi-\frac{1}{2}\times a\times\frac{1}{2\sqrt{3}}a$

$= \frac{1}{3}\times\frac{\pi}{3}a^2-\frac{1}{4\sqrt{3}}a^2=\left(\frac{\pi}{9}-\frac{\sqrt{3}}{12}\right)a^2$

$\pi=3$、$\sqrt{3}=1.73$ と考えると

弧田 $ACB\fallingdotseq\left(\frac{1}{3}-\frac{\sqrt{3}}{12}\right)a^2=\frac{4-\sqrt{3}}{12}a^2=\frac{2.27}{12}a^2$

【九章算術の計算】

弧田 ABC

$=\frac{1}{2}\left(ab+b^2\right)=\frac{1}{2}\left(a\times\frac{1}{2\sqrt{3}}a+\left(\frac{1}{2\sqrt{3}}a\right)^2\right)$

$=\frac{1}{2}\left(\frac{\sqrt{3}}{6}+\frac{1}{12}\right)a^2=\frac{2\sqrt{3}+1}{24}a^2$

$\sqrt{3}=1.73$ と考えると

弧田 $ACB\fallingdotseq\frac{2.23}{12}a^2$

この公式がどこまで正確かを知るために、円弧の作る中心角が120度のときの面積を考えると、前ページの図のようになります。厳密には正確ではありませんが、かなり良い近似です。畑や田んぼの面積の測量に使うには十分な正確さでしょう。

以上のことから考えると、九章算術の計算力はかなりのレベルで、公式は十分な近似式と言えます。やはり「面積を正確に計算しなければならない」という思いが、数学の進歩につながったのでしょう。

知られざる東西「円周率」レースの勃発

円周率（π）

円周率 $\pi=3.141592\cdots$
円周の長さ（半径 r の円）$2\pi r$

洋の東西を問わず注目を集めたπ

かつて数学はインドアラビア数字や三角比などのように、アラビア人によって本質的に発展しましたが、現代数学はヨーロッパで成長してきました。それは日本が開国して明治維新を迎えた際に外国から取り入れられ、「洋算」と呼ばれました。

それに対して、主に江戸時代に発展した伝統的な数学を「和算」と言います。こちらは、もともと中国から入ってきた数学が、日本で独特の発展を遂げたものです。

洋算でも和算でも、注目されていたのが「**円周率（π）**」です。円の直径と円周、半径と面積の関係を表すのに使うので、いつの時代でも大切な数と言えます。πは自然数の分数では表せない無理数で、小数点以下が無限かつ不規則に続くことがわかっています。

アルキメデスVS.劉徽

割り切れない円周率の計算と言えば、アルキメデスが有名です。彼は正6角形から始めて、6、12、24、48、96と頂点の数を増やし、円に近い正多角形を使って円周率の近似を求めたのです。

円周率の話で中国人の名前が出てくることは滅多にありませんが、和算のルーツである中国にも優れた数学の伝統がありました。5世紀に生きた数学者の祖沖之（そちゅうし）は、πを3.141592の小数点以下第6桁まで正確に求めました。これをヨーロッパの数学が抜き返すのは、なんと1100年後のことです。

さらに3世紀には、序章でも触れた世界的な数学者、魏の劉徽がいました。『九章算術』の注釈を書いた劉徽の『九章算術注』にも、円周率の計算方法が載っています。基本的にはアルキメデスの方法と同じで、次ページの図のように円を正六角形で内側と外側から挟みます。この外側の正六角形のまわりの長さと、内側の正六角形のまわりの長さの間に実際の円周があるというわけです。これを正12角形、正24角形、正48角形、正96角形と正n

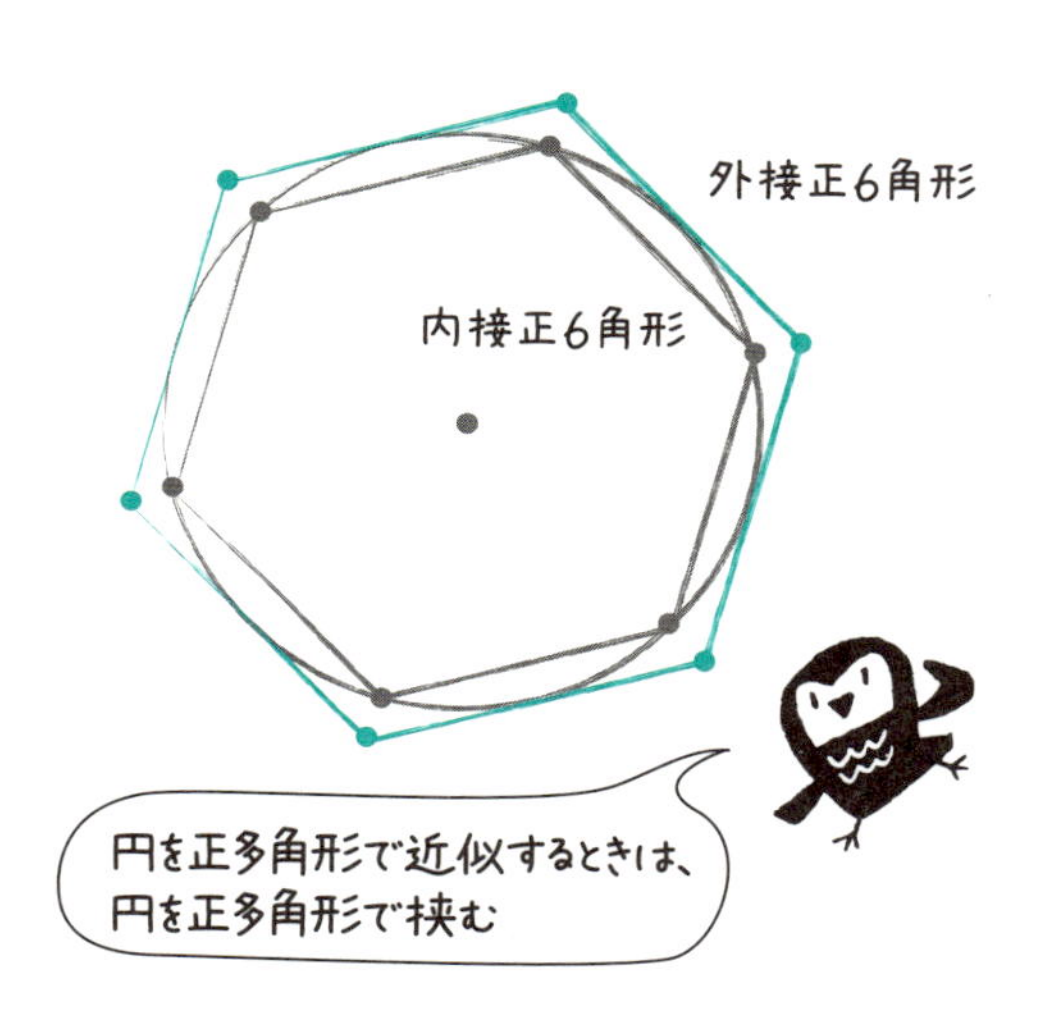

角形の頂点の数を倍にしていくと、正多角形は段々と円に近づいていきます。

アルキメデスと劉徽の時代差は500年くらいありますが、どちらも正n角形のnを96でやめています。しかし、劉徽にはこれを無限に増やしていけば、正確な円周の長さが出るはずだ、という発想がありました。

ヨーロッパ人はなぜか無限を考えることを避けていましたが、劉徽は「小数点以下にいくつでも数を続けることができる」と書いています。だから、nをどんどん大きくしていくと、円周率の近似がどんどんよくなるという発想が生まれたのでしょう。数学は何でもヨーロッパから生まれたと思うのは大間違いなのです。

「速さ・距離・時間の公式」と税の平等

速さ・距離・時間の公式

距離＝速さ × 時間

「速さ」と「速度」は意味が違う？

最初に、言葉の説明をしましょう。電車や自動車が動くスピードを考えるとき、「速さ」や「速度」という言葉を使います。この２つには違いがあるのでしょうか？　普通に使うときは同じ意味に思えますが、物理や数学で使うときは区別します。

「速さ」には向きがなく、「速度」には向きがあります。例えば、東京から大阪に向かっている新幹線の向きをプラスとした場合、「速度」は時速２５０㎞のように表します。逆に新幹線が大阪から東京に向かっている場合は、速度は時速マイナス２５０㎞となります。

一方、「速さ」を使うと、どちら向きでも時速２５０㎞となります。

「速さ・距離・時間の公式」を使って次の問題を解いてみましょう。

時速25kmで車が2時間走ったとき、車の走行距離は何kmでしょう?

25×2=50
50km走ったことになります。この場合、「速さ×時間＝距離」の形で使いました。

では、次の問題。

時速25kmで１５０kmの距離を走るのには、何時間かかるでしょう?

150÷25=6
6時間走ることになります。この場合、「距離÷速さ＝時間」の形で使いました。

もう一題解いてみましょう。

75km離れたところに行くときに、自転車で5時間かかりました。時速何kmで移動したでしょう?

75÷5=15
時速15kmで移動したことになります。この場合、「距離÷時間＝速さ」の形です。

このように、速さ・距離・時間の公式は、それぞれの構成要素を求める式に変形することができます。数学の公式は、未知数が変わると式を変形して使わなければなりません。

わかっていることと、求めることを区別することが大切です。

● 「九章算術」均輸章問題

今有程、傳委輸。空車日行 70 里。重車日行 50 里。 今、載太倉粟、輸上林。5日3返。 問、太倉去上林幾何 答曰、48 里 18 里分之 11。

訳

ここに、物資を伝に委ねて輸送する道がある。

荷物を載せない空車は1日に 70 里を進み、荷物を載せた重車は1日に 50 里を進むという。

いま、太倉で粟を載せて、上林へ輸送した。このとき，5日で3往復した。

問う。太倉と上林の間の道程はいくらか。

答えに曰く。48 里と 18 里分の 11。

古代中国の速さ・距離・時間の計算

次に、たびたび取り上げている古代中国の『九章算術』の問題を見てみましょう。その中の6番目の「均輸（きんゆ）」という章は、古代中国の税金である、穀物の輸送についての問題が多くあります。上記の問題を、速さ・距離・時間を考えて解いてみましょう。

1里を空車と重車で往復するときにかかる日数を計算します。空車は1日70里を進むので、1里進むのに1／70日かかります。重車は1日50里を進むので、1里進むのに1／50日かかります。1里を重車で出発し空車で戻る往復にかかる時間は、1／50＋1／70日です。太倉と上林を5日で3往復していますから、一往復にかかっている日数は5／3日です。先ほどの1里を往復する日数で割れば、往復している距離はわかります。

$$\frac{5}{3}\div\left(\frac{1}{50}+\frac{1}{70}\right)=\frac{5}{3}\div\frac{12}{350}=\frac{5}{3}\div\frac{6}{175}=\frac{5}{3}\times\frac{175}{6}=48+\frac{11}{18}$$

この計算から、太倉と上林の間の距離は$48+\frac{11}{18}$里となります。

古代中国の前漢に、領土を最大に拡げた武帝という方がいました。当時の官僚は、「九章算術」で数学を勉強していました。それは、税金を集めることに特別な計算が必要だったからです。特に「均輸」の章は税金の配分を平等にするために必要でした。作った穀物を輸送しなければ税金を納められません。中国は広いので、その輸送費はバカになりません。馬を使うか、牛を使うか、何日使うか、すべてお金がかかります。税金の平等がなければ国は安定しないと考えた武帝は、均輸官という官僚を新設しました。

専制君主も捨てたものではありません。民をいじめるだけでは政治は持たないと、昔の皇帝もわかっていたようです。食べられなくなれば、民衆は反乱を起こします。不平等感も、それを助長します。均輸の章には「以って遠近・労費を御す」（この方法で、輸送距離とその費用を計算し平等を保つ）という言葉が書いてあります。政治家によく読んでもらいたい言葉です。

05

大工の武器としての「平方根」

平方根

2 乗して n になる数のことを、
n の平方根と呼び、$\pm\sqrt{n}$ と表す。
例えば、3 の平方根は $\pm\sqrt{3}$ 、
4 の平方根は $\pm\sqrt{4}$ (± 2)
となる。

神話の時代から伝わる大工道具

日本の大工が使う道具に、曲尺（かねじゃく）があります。直角に折れ曲がったL字型で、表にも裏にも目盛りがある金属製のものさしです。「かねじゃく」と読むのは、もともと鉄で作られて「鉄尺（かねじゃく）」と書かれていたことに由来するそうです。

この歴史は、神話にまでさかのぼることができます。中国の天地創造の神である伏羲（ふくぎ）は規（き）（コンパス）を持ち、女媧（じょか）は矩（く）を持って描かれています。この女媧の持つ矩が、曲尺なのです。

大工は、曲尺だけで正五角形、正八角形、正十角形などを作ることができます。この方法を規矩術（きくじゅつ）と言います。建物を建てるとき、足し算、引き算、掛け算、割り算の他に、対角線の長さを求める必要があります。ピタゴラスの定理を使うと、斜辺の長さの2乗までは算出できます。斜辺の長さは、その平方根を求めなければいけません。そこで大工は曲尺を使って、平方根を求めました（開平（かいへい）する）。

大工が曲尺で開平するのは、それだけ平方根を使う計算が多かったということです。例えば、丸太を切ったときに何寸四方の柱を切り出せるか、ある長さの長方形の角材を切り出すには、どれくらいの半径の丸太が必要かなど、平方根の使い方は色々あります。

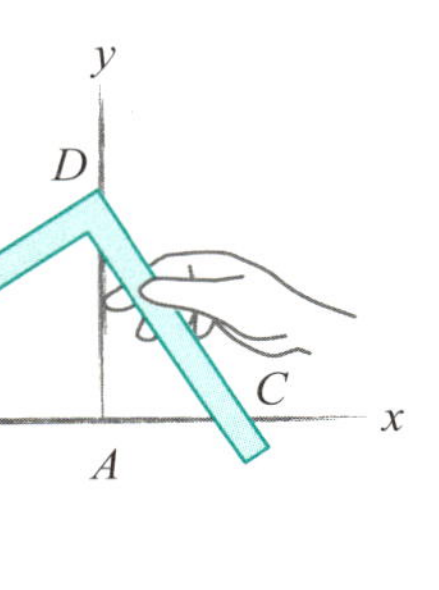

どうやって曲尺で平方根を求めるのか？

では、曲尺でどのように平方根を求めるかを実際にやってみましょう。上図のように、まず直交する2直線xとyを作ります。

次に、曲尺の頂点Ｄを直線ｙ上に置きます。次に、平方根を求めたい長さとＡＢが等しくなるように、曲尺を上下させます。このとき、線分ＡＣを基準の長さ1と考えると、ＡＤの長さがＡＢの平方根になるのです。

相似の性質を使って証明してみましょう。

三角形ＢＣＤは∠Ｄが直角の直角三角形ですから、

$\angle ACD + \angle ABD = 90^\circ$

$\angle A$は直角より$\angle ACD + \angle ADC = 90^\circ$　$\therefore \angle ABD = \angle ADC$

よって、$\triangle ACD \backsim \triangle ADB$ となります。そこで、対応する辺の比を考えて

$AD : AB = AC : AD$

$AD^2 = AB \cdot AC$　$\therefore AD = \sqrt{AB \cdot AC}$　$AC=1$なので、$AD = \sqrt{AB}$

これで、曲尺を使ってＡＤがＡＢの平方根になるとわかりました。この求め方はデジタルでなくて、アナログですからＡＤの長さをそのままか、何倍かして移せば作業ができます。

地球の大きさも計算できる「中心角と円弧」

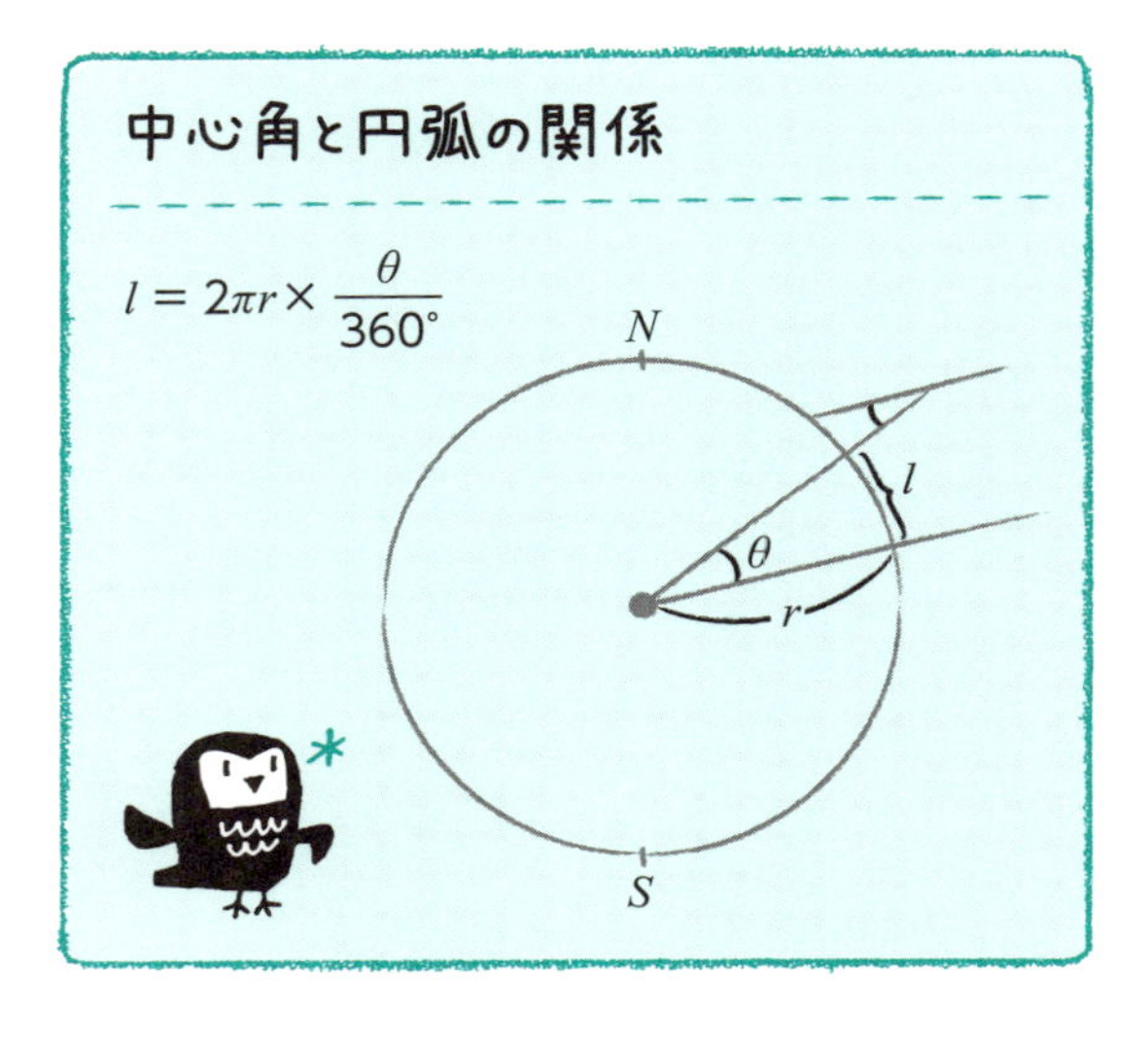

領土拡大から生まれたニーズ

古代ギリシャ・ローマの時代、国の領土が拡大していくと、気候が異なる地域が出てきました。そうなると、土地によって作物の種類を変えなければなりません。

ただ、緯度が同じ土地では同じような作物を育てることができます（土壌の違いにもよりますが）。そこで、緯度を調べるための道具が、お馴染みの「垂直に立てた棒」でした。この棒の影の長さを測ることで、緯度がわかったのです。さらに、地球が丸いこともわかりました。地球が丸いことを信じて航海に出たコロンブスよりも、２０００年以上も前の話です。

紀元前に、地球の大きさを調べた人がいたのは驚きです。それを成し遂げた天才エラトステネスは、プトレマイオス王朝時代のアレキサンドリアの人でした。プトレマイオス王朝は、病死したアレキサンダー大王の将軍の１人が作った国（現在のエジプト）で、この王朝の最後の女王が、かの有名なクレオパトラです。

エラトステネスは、大きな図書館を持ち、神殿かつ大学でもあった、世界最大の研究機関ムセイオンの館長でした。本人が記した書物のようなものは残っていませんが、天文学から数学まで幅広い分野に渡る彼の業績は、様々な本に残されています。特に地球の大きさの計測については、クレオメデスの本の中に記述されています。

紀元前の地球の大きさの測り方

エラトステネスは、夏至正午のシエネ（現在のアスワン）で太陽光が井戸の中に入射することを知っていました。これは、太陽が真上に位置しているということ。そのとき、シエネで垂直に立てた棒には影ができません。

一方、同じく正午のアレキサンドリアでは太陽は真上にありません。だから、アレキサンドリアでは垂直の棒に影ができます。その影と棒の先端を結んだ直線が垂直の棒となす角をθとします。太陽光が地球に平行に降り注ぐことを考えると、平行線の錯角は等しいことから、図のようにシエネとアレキサンドリアとを結ぶ円弧の中心角もθとなります。これがわかれば、地球の大きさを測ることができます。θと360度との比が、円弧の長さl（エル）と円周（地球のまわりの長さ）の比に等しくなるのです。

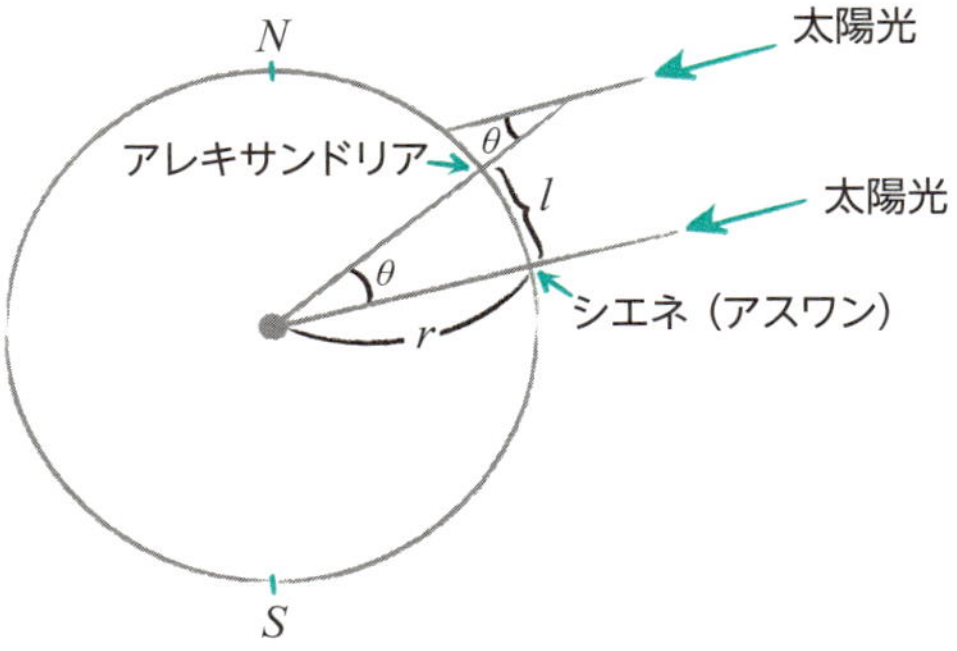

エラトステネスは、θが円の中心角の1／50であることを観測し、シエネとアレキサンドリアの距離を5000スタディアと見積もりました。つまり、地球の外周は50倍の25万スタディアということになります（このことを伝える多くの本は、なぜか25万2000スタディアとなっています）。25万スタディアを現在のkmに換算すると、地球の円周は4万6250kmということになり、約17%の誤差となります。

ちなみに、スタディアは当時使われていた距離（長さ）の単位で、何種類かの長さがあります。この計算は１スタディオン＝１８５ｍで算出しました。

エラトステネスの観測誤差を大きいと考えるか、当時としては十分な精度と考えるか、意見が分かれるところでしょう。科学史の研究者ノイゲバウアーによると、エラトステネスは細かい数字ではなく、キリのいい大雑把な数値を求めたかったのではないか、とのこと。

昔の人は、地図を正確に作ることは自分の国を守ることにもなるし、敵を攻めるときに必要不可欠と考えました。距離が正確にわからなければ、敵と遭遇するまでの時間もわからないからです。精密な地図を作るために、なるべく正確な歩幅で距離を測れる人を使っていたようです。地球を知ることは、昔の人たちにとても大切なことだったのです。

五重塔は「3乗根」で建てられた

3乗根

3乗して n になる数を、

n の3乗根と呼び、$\sqrt[3]{n}$ と表す。

例えば、$\sqrt[3]{-8} = -2$ となる。

負の数にも定義できる。

立体図形でも使える曲尺

05節で、曲尺を使った平方根の求め方を説明しました。平面で作業をするときは、これでたいてい間に合います。しかし、五重塔の屋根の勾配や四方に張り出した垂木(たるき)などを付けるためには、平方根だけでは足りません。立体図形となれば、体積を考えないといけません。

体積は3つの辺の積で求めます。そのためには3乗して体積になる数、3乗根が必要になります。例えば、8の3乗根は2、27の3乗根は3になります。このようなわかりやすい例ならば、すぐに計算できます。

しかし、大工はこんなやさしい数だけを扱っているわけではありません。物差しの目盛りと目盛りの間の数の

3乗根を求めなければならないときもあります。

3乗根を求めることを開立（かいりゅう）と言いますが、大工はこれも曲尺でやってしまいます。最初に、垂直に交わる直線xと直線yを引きます。AB＝1とします（この1は今の作業の基準の長さです）。そして、ACが開立したい長さとします。2本の曲尺①と②を、図のように置きます。最初に直角の頂点Dがx線上にあるように曲尺①を置きます。次に曲尺①と曲尺②の1つの辺を図のようにくっつけます。曲尺②の直角の頂点をy線上に乗せ、開立したい長さがACになるように、曲尺②を合わせます。こうすると、相似を使って$\sqrt[3]{AC}=AD$となります。

証明は計算と式を使いますが、この方法を知っていれば、曲尺の図形の処理だけで3乗根を求められます。

05節も本節も図形の相似を使って、曲尺で開平、開立しました。デジタルな計算をしていません。すなわち、図面を作るときも曲尺2本の組み合わせで設計図を描けます。もちろん、規矩法を丸暗記しているだけでも開立できます。

●曲尺で3乗根を求める方法

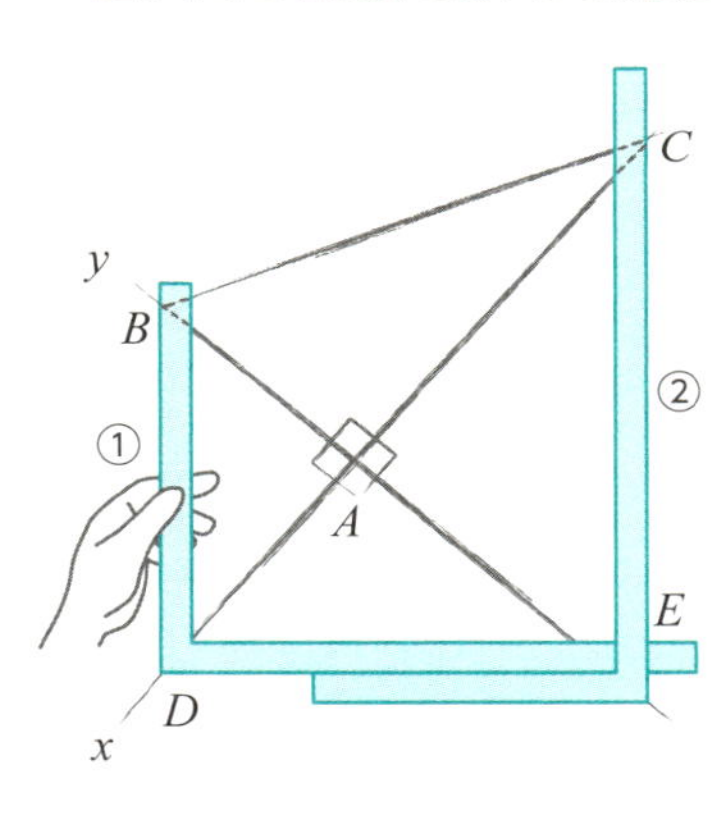

丸暗記もたまには大切なのです。

参考までに、ちょっと複雑ですが証明も書いておきます。

相似を使って説明してみましょう。

⊿BDEは∠D=90°の直角三角形です。∠A=90°ですから、

⊿ADEと⊿ABDは相似になります。これは、開平のときと同じ考え方です。対応する

辺の比を考えて、

$AD:AB=AE:AD$　$\therefore AD^2=AB \cdot AE$　…①

今度は、⊿DECで考えると⊿DECは∠E=90°の直角三角形です。∠A=90°ですから、

⊿ADEと⊿AECは相似になります。対応する辺の比を考えて、

$AE:AD=AC:AE$　$\therefore AE^2=AC \cdot AD$…②

①の両辺を2乗すると

$AD^4=AB^2 \cdot AE^2$

②を代入して

$AD^4=AB^2 \cdot AC \cdot AD$　$\therefore AD^3=AB^2 \cdot AC$

AB=1です。

ということは、$AD^3=AC$

08

「比重」「密度」からわかる王冠の真贋

密度

単位体積あたりの質量。
密度＝質量÷体積

比重

ある物質の密度と、基準となる標準物質の密度との比。固体及び液体については水、気体については同温度・同圧力での空気を基準とする。

天才アルキメデスの成果

アルキメデスというと、お風呂に入っているときに「比重」を発見して、裸で町を走ったというエピソードから、親しみを感じる方は多いのではないでしょうか。

「アルキメデスの原理」は、流体中の物体はその物体が押しのけた流体の重さと同じ大きさの浮力を受ける、というもの。「金細工師に渡した量と王冠に含まれる金の量は同じか？」という王様の疑問から発見されました。この原理は物理の成果ですが、アルキメデスは微分積分の父でもあります。ニュートン、ガウスと世界3大数学者の1人に名を連ねているほどです。

彼の数学的な成果は、πの近似値、放物線の接線など、かなり綿密な計算が必要なものが多くあります。現在では、これらの成果は微分積分を使って解くことになります。

アルキメデスはシチリア島シラクサの貴族の家に生まれました。父親は天文学者のフェイディアスで、親子揃っての学者でした。アルキメデスの頭の良さは血縁者のシラクサの王ヒュロン2世にも伝わっており、王冠について調べるように頼まれました。ヒュロンの疑いは、銀の混ぜ物を使って誤魔化されていないかどうかということ。アルキメデスは、毎日毎日どうやって調べればいいか悩みました。それが、有名なお風呂の話につながるのです。

「アルキメデスの原理」、発見譚

体積と重さの比が「密度」です。だから、密度はその物質によって異なります。また、**水の密度と別の物質の密度の比が「比重」**です。これもまた、物質によって比重は異なります。ここに気がつけば問題は解決です。王冠の体積を調べ、その体積に比重を掛ければ、物質の重さが出るのです。金の体積と重さを一度量れば、比重はわかります。王冠の重さと実際に金で作ったときの王冠の重さを比べてみれば、本物かどうかわかります。体積は水を満たした容器に王冠を沈めて、こぼれた水の量を測ればいいわけです。この体積に金の比重を掛ければ、純金で作ったときの重さがわかります。風呂に入って湯があふれたときに、いかにも気がつきそうなことです。「解けた」と思ったアルキメデスは「ユーレカ、ユーレカ」（「見つけた、見つけた」）と裸で叫びながらシラクサの町を走り周ったので、彼のことを知らなくても、「裸で走った人」と言うと誰でも知っていたそうです。

数学は使えてナンボ

アルキメデスは、厳密性と実用性を併せ持った近代的な発想の持ち主でした。使える道具は何でも使って、さらに工夫する。96角形を使った円周率の近似計算も、正6角形から始めて、正12角形、正24角形、正48角形、正96角形と中心角をどんどん半分にしていき、円に内接と外接させて弦の長さを計算する。今で言う、半角の公式の発想がありました。これも、とても実用的なものです。ニュートンもガウスも、近似計算に強かったのは偶然ではないでしょう。

理屈だけではなく、現実に円周の長さはこう、地球の軌道半径はこう、という結果が出せて、はじめて学問です。よく「数学は理論だ」と言う人がいますが、数学は現実です。理屈だけでは現実の問題を解決できません。古代にアルキメデスが考えたポンプは、いま

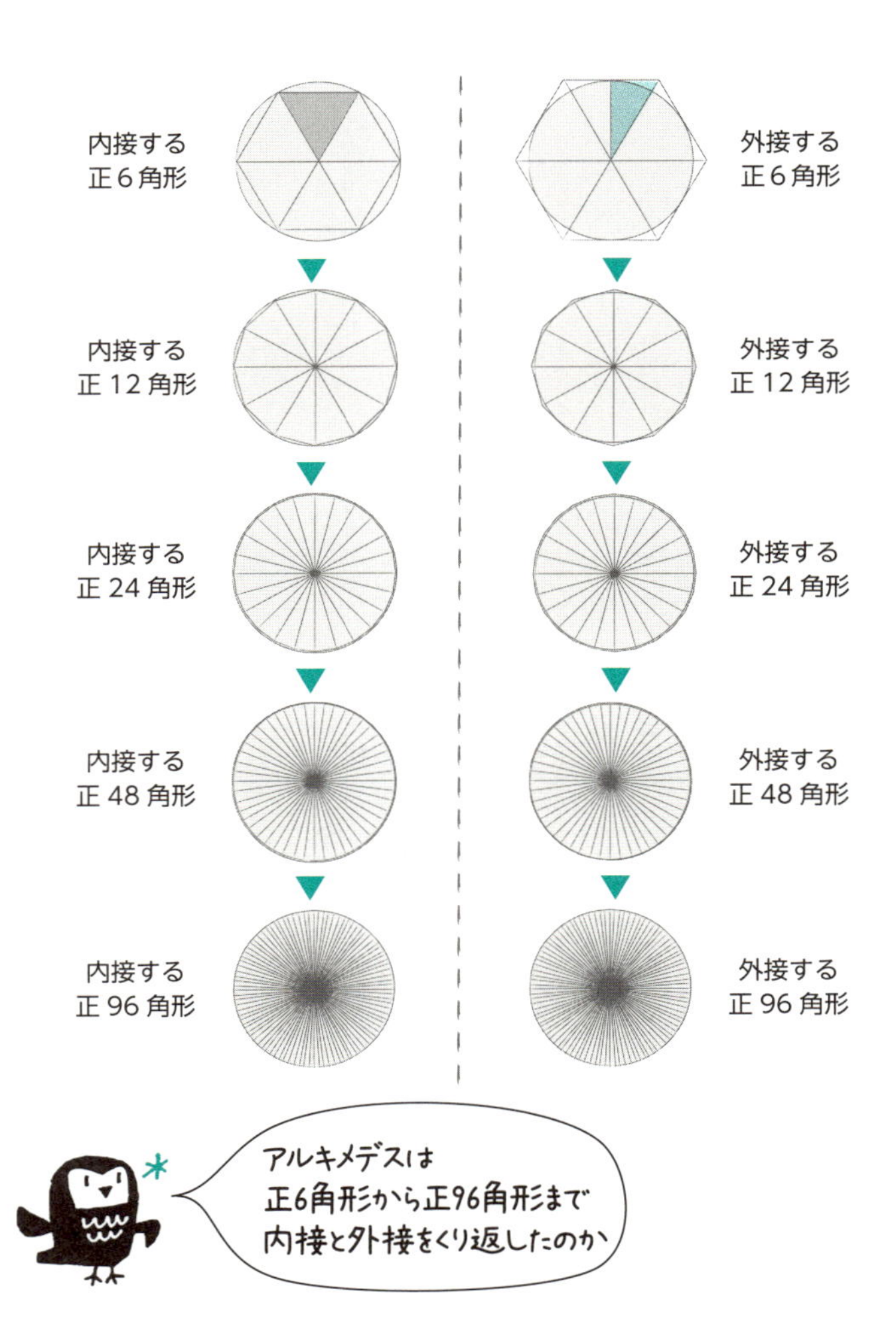
内接する
正 6 角形
外接する
正 6 角形
内接する
正 12 角形
外接する
正 12 角形
内接する
正 24 角形
外接する
正 24 角形
内接する
正 48 角形
外接する
正 48 角形
内接する
正 96 角形
外接する
正 96 角形
アルキメデスは
正6角形から正96角形まで
内接と外接をくり返したのか

だにナイル川の水を汲み上げています。

アルキメデスが、曲線で囲まれた面積を追求したのも、この思想の延長線上にあります。球の体積の計算法も発見し、積分の芽生えとなりました。さらに、放物線の接線の引き方も工夫し、微分の芽生えとなりました。積分も、微分もアルキメデスの結果を進歩させるには極限の概念が必要です。原始的な極限の概念ができるのは17世紀、２０００年後のことでした。

「三角比」と高さの測量

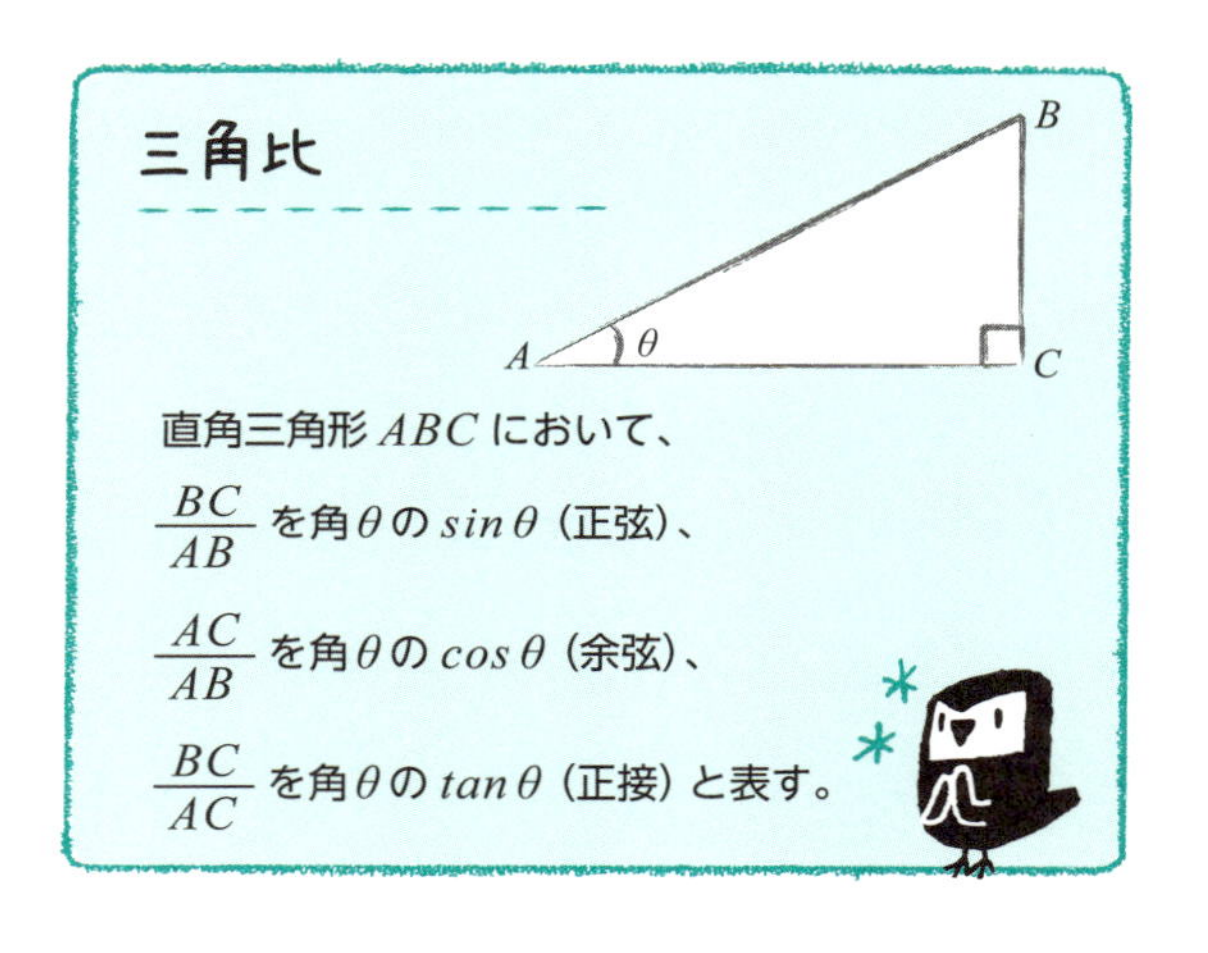

航海術と三角比

前節でも触れましたが、アルキメデスは π の近似値を正確に求めるために、円を正多角形で挟んで、中心角をどんどん半分にしていきました。そのとき、今では高校で習う加法定理（特に「半角の公式」）を使いました。もちろん、当時はそんなものはありません。ピタゴラスの定理を使いながら、丁寧に円に内接する正多角形の辺の長さを計算したのでしょう。

この辺の長さが、学校で習う円の弦になります。アレキサンドリアの数学者ヒッパルコスは、弦の長さを計算する表を作りました。これが最初の正弦（三角比 sin）の表になります。

古代ギリシアや古代ローマでは、建築や天体観測のための測量の際、直角三角形の辺の比を表した**三角比**の考え方を使いました。「**角度が同じなら対応する辺の比は同じ**」という相似の性質から、三角比は角度だけで決まります。三角形の大きさは関係ありません。

当時のアレキサンドリアは、シルクロードにつながる重要な場所です。砂漠を渡る際、航海術を身につけていなければ、安全に旅することはできませんでした。つまり、目印となる天体の位置を正確に測り、自分の位置を調べる技術です。そのために使われたのが三角比です。

ヒッパルコスは、アルキメデスの方法をさらに発展させて、三角比の使い方の基礎を作りました。現在の高校の教科書にも、三角形の角の大きさと辺の長さの関係から、わからない辺の長さや角度を求める問題がよく載っていますが、ヒッパルコスはこの解き方（三角法）を研究していたのです。砂漠の航海術はこれと全く同じ方法を使って、自分の位置を求めるものです。

ちなみに、ヒッパルコスは天文学でも重要な結果を残しています。先ほどの三角法を使って天体の運行を精密に調べて、太陽暦の1年の長さを求めたのです。その結果は、365日5時間55分12秒。非常に優れた近似値です。これが、太陽暦の1年を正確に計算した

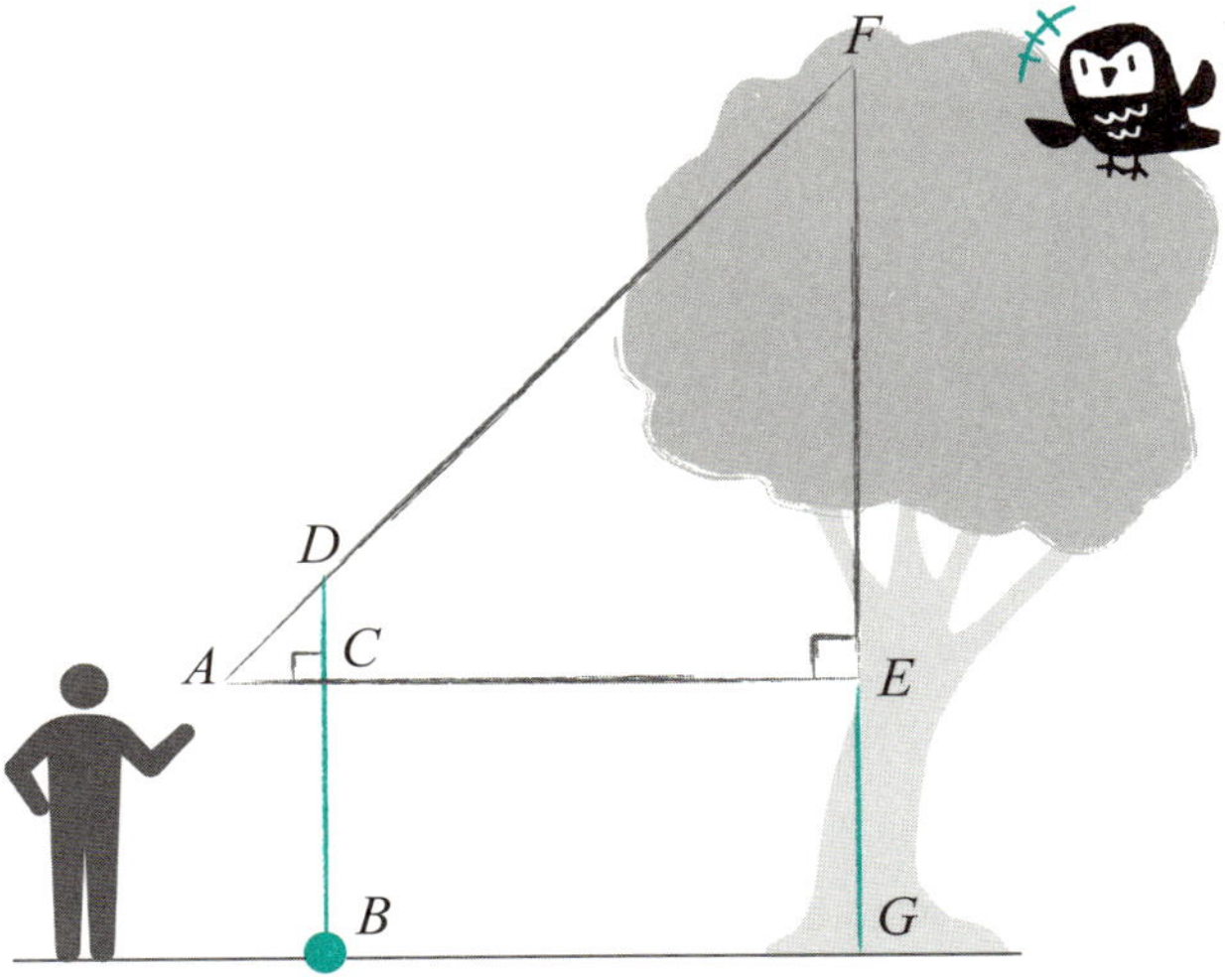

最初になります。

大工や木こりも使った三角比

三角比は日本でも応用されていました。大工や木こりは、三角比を使って木や建物の高さを測りました。このとき使うのは、直角三角形の底辺と高さの比を表す正接（tan）。

どんな使い方をするか、上図で説明しましょう。求めたい木の高さをGFとします。二等辺三角形の三角定規を使います。三角定規の直角を挟む辺の片方に、おもり付きの紐を取り付けます。これがCBです。おもりがブレずにDCBが真っ直ぐになるように三角定規を持ち、点Aから木の頂点Fを覗きます。目線とA

とＦが一直線上になる場所に移動します。三角形ＡＥＦは直角二等辺三角形なので、木までの距離ＡＥと、木の高さから目線の高さを引いたＦＥは等しくなります。ＡＥを計測し、それにＥＧを足せば、木の高さが求められます。大工や木こりの知恵の１つに三角比があったのです。

世界を巡って進化してきた「小数」

小数の記数法

10 進法の小数

$$0.abc = \frac{a}{10} + \frac{b}{10^2} + \frac{c}{10^3}$$

60 進法の小数

$$0.abc = \frac{a}{60} + \frac{b}{60^2} + \frac{c}{60^3}$$

複雑な計算で必要とされてきた小数

ヨーロッパの数学を習ってきた日本人には、古代中国の数学はそれほど進んでいなかったと思う人もいるかもしれません。しかし、中国数学は理論で負けても実用面では飛び抜けて優れていました。その中の1つに、アラビアが影響を受けた10進法の小数があります。

小数の計算は天文学や暦など、その使い方は色々あります。天文学の研究は、かなり複雑な計算をします。古代ギリシャの位取りができる小数計算は、バビロニアで発達した60進法でした。科学者は細かい数を扱うので、60進法の分数（60進法の小数）を使いました。

やがて60進法の小数は、イスラムの人たちに受け継がれました。そこに、インドから10進法の位取りを使ったインド数字が入ってきました。それは、アラビア人たちが使い方を工夫し、インドアラビア数字と呼ばれるようになりました。

しかし、科学者は60進法を使い続けました。なぜなら、当時の10進法には小数がなかったからです。だから、10進法よりも細かい数を表せる60進法を研究に使ったのです。

中国発→インド・イスラム経由→ヨーロッパ着の10進法

ヨーロッパの数学がなんでも一番とは限りません。魏の劉徽の著作に、次のような言葉があります。「微数で名称のないものは分子とし、一退は十を以って分母とし、その再退は百を以って分母とし」。これは、今の小数のことです。序章でも触れましたが、「単位で測れないほど小さいはしたなら、まず単位を10に分けなさい。それで、測ってまだはしたが出る場合は、10に分けた単位をさらに10に分ける」。つまり、10の2乗を考えて、100に分けたことになります。1mを10に分けて10cmになります。それをまた10に分けて1cmということになります。これは、無限回でも繰り返すことができるので、無限に続く小数を作れます。

この発想がインドを経由し、イスラムに渡ったと考えられないでしょうか？　先ほどの劉徽の言葉は、ルートを求める計算についてのものでした。ルートの計算は無理数を求めるので、無限に続く小数点以下の数字を劉徽は考えていたのでしょう。

度量衡を10進法にこだわった中国では当然の発想かもしれませんが、10進法で小数を作ることを考えました。このヒントをもらったイスラムの人たちは、60の負の数乗（60の何乗かの逆数）を10進法に適用します。10の負の数乗（10の何乗かの逆数）を、60の負の数乗から類推して、現代使っている小数になります。

この10進法の小数を作ったことにより、ヨーロッパの科学者も60進法から10進法を使うようになります。これを成し遂げたイスラムの数学者によって、10進法の天下となったのです。

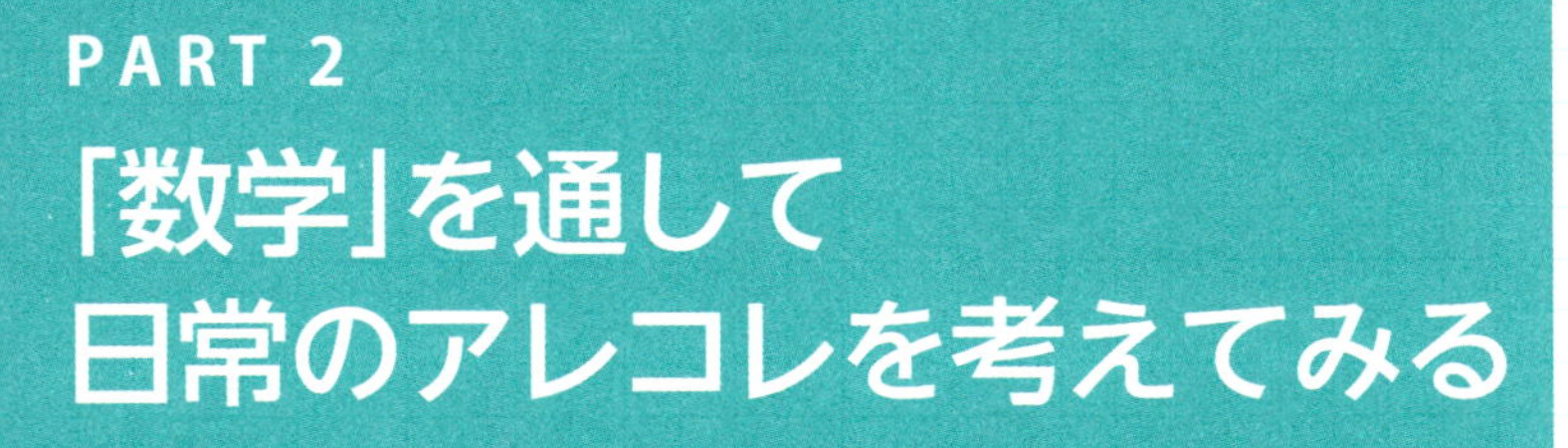

PART 2

「数学」を通して日常のアレコレを考えてみる

取扱注意‼ 下手な議論に使えない「背理法」

背理法

「A ならば B」を証明するときに、A を仮定して B を否定することにより矛盾を導く証明法。
「$X>1$ ならば $X>0$」を考えると、
$X>1$ を仮定して
$X>0$ を否定すると、
$X>1$ かつ $X\leqq 0$ となり、
このような数は存在しない。

B
A

「ならば」は「含む含まれる」の関係が必要

数学を学ぶと、論理的な話し方ができると言う人がいます。それも、幾何の証明を練習するとよいとか。幾何を勉強すると論理的になる、とはどういう理屈なのでしょうか。おそらく、幾何は「仮定→結論→証明」とロジカルに解いていくから、という単純な理由でしょう。

「AならばB」という文章を数学で言うときには、「x>2ならばx>1」のように、Aが成立するものの集合はBが成立するものの集合に含まれる、という関係が成立しなければなりません。x>2を満たす集合はx>1を満たす集合に含

●背理法

「A ならば B」を証明するために「A かつ B でない」が起きないことを証明する。
「A ならば B」が成立していれば A が成立する場所と、「B でない」場所は、共通部分がない。

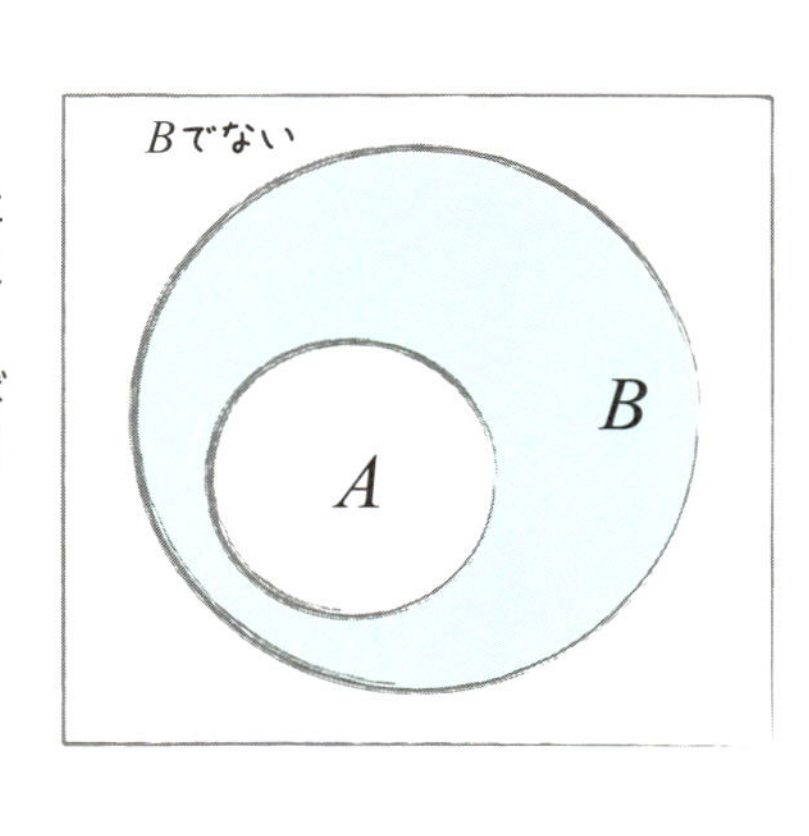

まれるので、「x>2ならばx>1」は正しいわけです。このように数学で「ならば」を使うときは、集合の「含む含まれる」の関係が前提となります。

あなたが論理的に人を説得したいとき、特に背理法を使うときには、集合の「含む含まれる関係」を意識しなければなりません。議論をするときに、「仮定」と「結論」を数学の集合として扱ってよいかどうかを考えて使わなければなりません。

論理的な手順を踏むことと、数学の論理を一般社会で使うことは意味が違います。数学の論理は、あくまで数学の証明をするためのものです。

間違った使い方がはびこる背理法

「背理法」を上図で説明してみましょう。**背理法は、「AならばB」を証明するとき、結論Bを否定して矛盾を導く証明法です。**「Aであって、かつBでない」が、

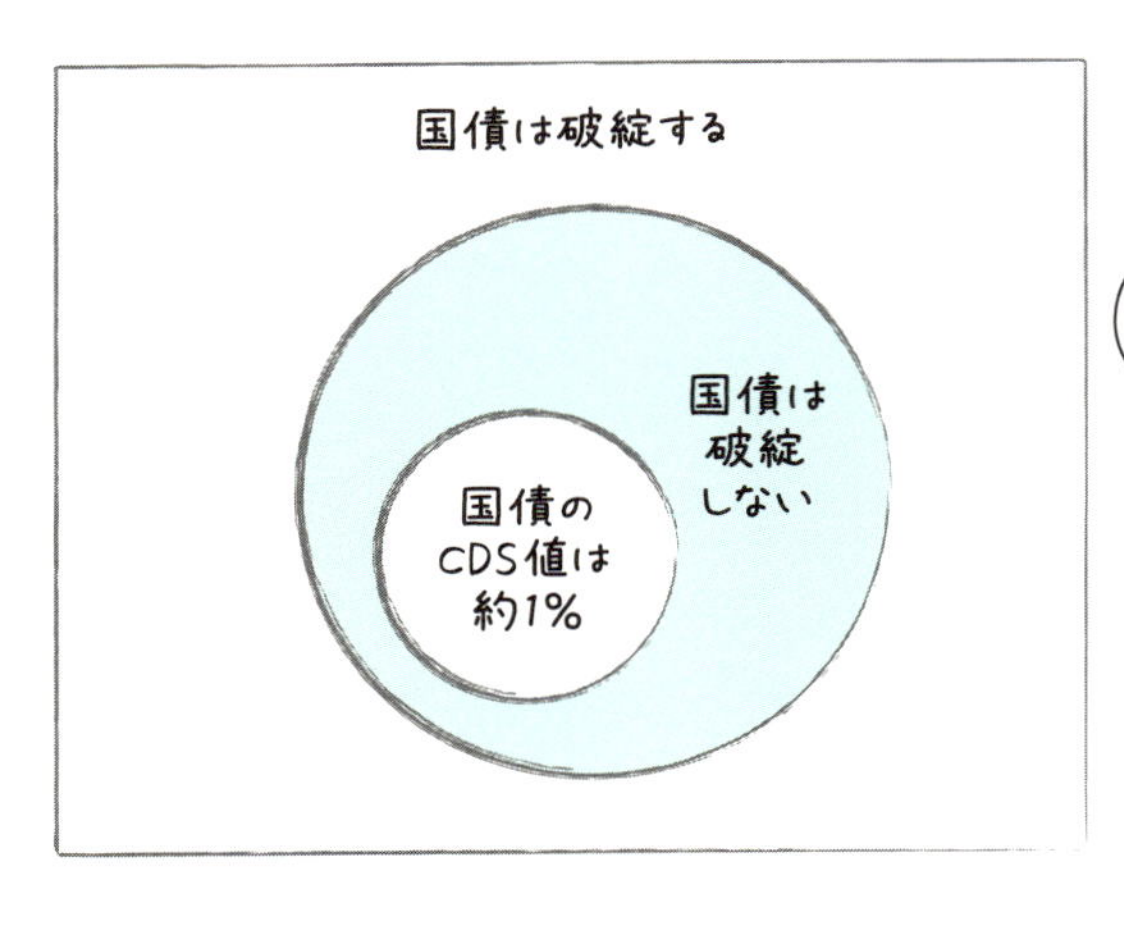

間違っていることを証明します。「AならばB」が成立すると、Aの集合はBの集合に含まれます。Aの場所とBでない場所は共通部分を持ちません。だから、「Aであって、かつBでない」ということはありえません。

２０１２年の衆議院の公聴会で、日本国債の安全性についての説明に背理法が使われていました。その当時、日本の国債は3年で破綻するという懸念がありました。国債のＣＤＳ値（国債の破綻に備える保険料のようなものの計算値）は約１％。もし、国債が3年で破綻するとしたら、１％の保険料を3年間払っておけば、3年後に保険金が満額入ります。つまり、３年で33倍になる投資ができることになる。こんなうまい取引があるわけないので、３年以内に国債が破綻することはない、という説明でした。

一見、背理法を使ったように見える論理展開ですが、「AならばB」のAとBには何があたるのでしょうか？　Bは「国債は破綻しない」です。矛盾を出すのに使用したAは、「国債のCDS値は約1％」です。数学の背理法を使っているとすると、「国債のCDS値は約1％」ならば「国債は破綻しない」を示したことになります。結論の「国債は破綻しない」だけを証明したように見えます。

しかし、これは「日本のCDS値は約1％」ならば「国債は破綻しない」を証明したものであって、「国債は破綻しない」を証明したわけではありません。この証明に意味があるでしょうか？　仮定が間違っているのかもしれません。「日本のCDS値は約1％」という経済システムが、おかしなことになるという感じを持つだけです。百歩譲って意味があるとしても、「日本のCDS値は約1％」という仮定と、「国債は破綻しない」という結論は数学の集合として定義できません。また、数学の対象にも馴染みません。

背理法は、数学の証明が簡単になるように使う手段です。数学の中での厳密な約束の下で、はじめて使ってよい方法です。数学の論理は数学の一部なのです。厳密な約束なしに使ってはいけません。

さらに言えば、「AならばB」とするとき、AとBに時間のズレはありません。経済の現象は、仮定と結論の間に時間の変化があります。そもそも時間がなければ、利子すら発生しません。

数学の証明法は、一般社会での議論に使うようにはできていません。それをわからずに、数学を学ぶと論理的な思考ができるという考えは非常に危険です。

02

あなたの運命は「割り算」で求められる!?

割り算の公式

自然数 m を n で割ったときの商を q、
余りを r とすると、
$m \div n = q \cdots r \ (m = qn + r)$
余り r は割る数 n を超えない。
すなわち、余り r は 0 以上 n 未満である。

六曜はどうやって決まるのか？

結婚式の日取りで最も人気があるのは、やはり縁起の良い日とされている大安です。そもそも大安とは、全部で6種類ある六曜のうちの1つです。先勝、友引、先負、仏滅、大安、赤口の順番で繰り返され、それぞれに吉凶、運勢が定められています。このように、暦の日付に運勢などの情報が込められたものを暦注と言います。

時々、カレンダー上で先ほどの順番と異なることがありますが、それは旧暦の日付にもとづいているからです。正確には、旧暦の毎月1日の六曜が固定されているので、月が変わると順番にズレが生じるのです。

（旧暦の月＋日）÷ 6＝商…余り

余り	0 （大安）	1 （赤口）	2 （先勝）	3 （友引）	4 （先負）	5 （仏滅）

また、六曜は計算で求めることができます。旧暦の月と日付を足して6で割った「余り」によって決まります。現在使われている暦からはわかりません。

(月＋日) ÷6 ＝商 … 余り

0、1、2、3、4、5の余りが、上図のようにそれぞれの六曜と対応しています。

いくつか計算してみましょう。

旧暦のお正月1月1日は、

(1+1) ÷6=0 … 2

余りが2なので、「先勝」になります。

旧暦のひな祭りは、

(3 +3) ÷6 =1 … 0

割り切れて余りが0なので、「大安」となります。

六曜はほどほどに

六曜は単純な割り算で求められますが、その日の運勢、それもすべての人の運勢が決まるというのは、やはりおかしな話です。先勝は午前中は運がいい。友引は働いたり、何か新品の物をおろしたりするのにいい日。先負は午後からはいい日。仏滅は仏様の力もなくなるほど悪い日で、働いてもいいことはない。大安は何をするにもいい日。赤口は何をしてもダメな日。

そのように考えると、6日のうち、まともに働いてもいい日が3日くらいしかないことに。これでは経済はまわりません。暦注を気にし過ぎると、社会生活を著しく阻害してしまいます。

もともとの発祥である中国の歴代王朝では、「暦注をカレンダーに書いてはならない」という指示が出されていました。なぜなら、それが民の教育レベルの発展を阻害することがわかっていたからです。かつては日本でも明治政府が同様の法律を出していましたが、完全にやめさせることはできませんでした。現在のように暦注付きのカレンダーを普通に売ることができるようになったのは、戦後になってからです。

しかし、人によっても言うことが違う暦注を気にしていたら、何もできなくなります。あまり気にする必要はないということでしょう。

03

○月×日の曜日は「合同式」で計算しよう

合同式

$a = q_1n+r$、$b = q_2n + r (0 \leqq r < n)$
余りが同じ自然数 r になるとき、2つの自然数 a、b は自然数 n を法として合同と呼び、次のように表す。
$a \equiv b \pmod{n}$
法 n に関する合同の関係は、次の性質を満たす。
- 反射律 $a \equiv a \pmod{n}$
- 対称律 $a \equiv b$ ならば $b \equiv a \pmod{n}$
- 推移律 $a \equiv b$ かつ $b \equiv c$ ならば $a \equiv c \pmod{n}$

また、$a \equiv b \pmod{n}$、$c \equiv d \pmod{n}$ のとき
- 加減法 $a \pm c \equiv b \pm d \pmod{n}$
- 乗法 $ac \equiv bd \pmod{n}$

合同式のしくみ

2つの図形の形と大きさが同じことを表した概念を「合同」と言いますが、数にも**合同式**というものがあります。2つの整数a、bをpで割ったときの余りが等しいとき、a≡b (mod p)と表し、「aとbはpを法として合同である」と言います（実際に使うときはa≡r (mod p)の形が多い。rは余り）。

この性質を使うと、余りだけの式の計算ができます。例えば、自然数を3で割ったときの余り（0、1、2の3つ）を表す式は、次のようになります。

15÷3=5…0なので、法を使って書くと15≡0 (mod 3)、
7÷3=2…1なので、法を使って書くと7≡1 (mod 3)、
11÷3=3…2なので、法を使って書くと11≡2 (mod 3)。
合同式は、余りがいくつになるかの計算もできます。
7+11≡1+2≡3≡0 (mod 3) というように、7と11を足したときに3で割った余りがいくつになるか、だけに注目した計算ができます。

合同式の使い方

割り算の余りから、曜日もわかります。つまり、7や6で全体を割るときに、どのくらい余りが出るかを計算します。
例えば、月の最初（1日）が日曜日だとすると、25日は何曜日になるでしょうか？
25÷7=3…4
余りが4になる25日は水曜日です。合同式で表すと、次のようになります。
25≡4 (mod 7)
7で割った余りと曜日の対応を合同式で次ページのように表せます。
では、月の最初が日曜日のとき、11日から13日経った日は何曜日になるか合同式で計算

余り	曜日	
0	土曜日	$n \equiv 0 \pmod 7$ n 日は土曜日
1	日曜日	$n \equiv 1 \pmod 7$ n 日は日曜日
2	月曜日	$n \equiv 2 \pmod 7$ n 日は月曜日
3	火曜日	$n \equiv 3 \pmod 7$ n 日は火曜日
4	水曜日	$n \equiv 4 \pmod 7$ n 日は水曜日
5	木曜日	$n \equiv 5 \pmod 7$ n 日は木曜日
6	金曜日	$n \equiv 6 \pmod 7$ n 日は金曜日

余りと曜日が
対応しているんだね

してみましょう。11を7で割ると余りは4です。13を7で割ると余りは6です。そこで合同式の計算を使うと、次のようになります。

$$11+13 \equiv 4+6 \equiv 10 \equiv 3 \pmod 7$$

11日から13日経った24日は火曜日ということになります。コンピュータが進化した現代では、曜日の計算にわざわざ合同式を使わないでしょうが、曜日のシステムはこのような計算で決まっているのです。

「等比数列の和」とネズミ講の恐怖

等比数列の和

a、ar、ar^2、ar^3、ar^4……ar^n

n 番目の項 a_n（一般項）は以下の式で求める。

$a_n = ar^{n-1}$

初項から第 n 項までの和は $r \neq 1$ のとき

$$\frac{a(r^n-1)}{r-1}$$

無制限に会員が増えるシステムは成立するのか

ネズミ講という、伝統的かつ歴史的な詐欺があります。日本では明治時代に刑法で詐欺であると規定されています。ネズミ講は親会員から子・孫会員へと会員が無制限に、ねずみ算的に増殖していくシステムを使う詐欺です。

このタイプの詐欺をする人は、「君は5人の会員を集めればいいんだよ」と言います。そして、その孫会員から会費が自分のところに少しずつ入るしくみを説明します。5人集めるくらいなら簡単だと思うかもしれませんが、その5人がそれぞれ5人の会員を集めて25人。その25

人がさらに5人ずつ集めて125人。さらに5人ずつ集めると625人。この急激な増加は等比数列になっています。最初の5項まで調べても、増殖スピードにあまり気づかないかもしれません。

5+25+125+625と足した人数が全体の会員になります。その会員全員から少しずつお金が入るなら、何もしないでも稼げると思ってしまう人もいるでしょう。「君は5人の会員を集めればいいんだよ」という悪魔のささやきで、ころっと引っかかるのです。何のために、学校で等比数列の勉強をしたのでしょうか。

ネズミ講の増加システム

1200万人が住む東京近郊の、最初の5人の会員の比率を計算してみましょう。これは、ネズミ講の会員に出会う確率と同じです。

$$\frac{5}{12000000}=0.00000041666$$

最初の5人に出会う確率が、すごく少ないのは当たり前です。「あなたは特別な人ですよ」という言葉にも、説得力が増します。

次の世代は、最初の5人が5人ずつに声をかけた25人です。会員数は、最初の5人と合わせて30人になります。

$$\frac{30}{12000000}=0.0000025$$

１００万人のうち２人か３人という確率です。次に、25人が５人ずつに声をかけると１２５人です。前の世代30人と合わせて、トータル１５５人です。

$$\frac{5+25+125}{12000000}=0.0000129$$

10万人に１人の確率です。さらに繰り返します。

$$\frac{5+25+125+625}{12000000}=0.000065$$

７８０人に625 ×5 を足します。

$$\frac{780+3125}{12000000}=\frac{3905}{12000000}=0.0003$$

$$\frac{3905+15625}{12000000}=\frac{19530}{12000000}=0.0016$$

ここで、１０００人に１人か２人の確率になります。気をつけてほしいのは、この数字は赤ちゃんや小学生も入れたものということ。次は、15625×5 を足します。

$$\frac{19530+78125}{12000000}=\frac{97655}{12000000}=0.0081$$

最初の1人を1世代目とすると、8世代目で約100人に1人になります。年齢構成を無視して計算しているので、会員になる可能性がある人たちは1200万人よりも、もっと少ないはずです。この計算はすればするほど、大きくなるのが速いです。

もう一回計算すると、

$$\frac{97655+78125\times 5}{12000000}=0.0407$$

25人に1人ということになります。これ以上会員を集めるのは現実的に難しいでしょう。この数字は、等比数列を勉強している人にはわかります。実際に、等比数列に従って動く現象があるということです。等比数列の増加の度合いを頭ではなく、体で理解しておきましょう。

そのためには、何度も等比数列を実際に計算すること。グラフにして、等差数列と比較すること。小学生にもできそうですが、物事を理解するためには簡単な作業を繰り返さなければなりません。どうも、今の勉強はここが欠けています。どんなに、頭がよくても最初にやることは同じです。理系の学生が、ねずみ講に引っかかったら笑えません。

最近は、インターネット上でこの詐欺を働く不届き者や、逆に単純なマルチ商法に引っかかる人が増えています。くれぐれも注意してください。ちゃんと等比数列の増加を知っていたら、鼻にも引っかけないことでしょう。

未来を予想できる「漸化式」

漸化式（ぜんかしき）

数列のいくつかの項の間に、常に成り立つ関係式のこと。漸化式で数列を定義する方法を帰納的定義という。

今から次への変化を表す式

例えば、等差数列は次のような定義をします。

$a_1=a$、$a_{n+1}=a_n+d$ 、 aは初項、dは公差

数列の各項は前の項が決まると計算できます。初項が決まっているので、次のように順番に数列の項の値を計算できます。

$a_2=a_1+d=a+d$

$a_3=a_2+d=(a+d)+d=a+2d$

$a_4=a_3+d=(a+2d)+d=a+3d$

$a_5=a_4+d=(a+3d)+d=a+4d$

このように、前の番号がついたいくつかの項を使って、次の番号の項を計算していく定義の仕方を帰納的

定義と呼びます。漸化式を順番に使って、数列の値を求めるのも意味がありますが、100番目くらいになると大変です。a_nを直接求める方法はないかということで、高校で漸化式の解法を習います。

漸化式は、今の状態から次の状態にどう変化していくかを表せる式です。例えば、現在のインフルエンザの感染者数から、将来的な感染者数の予測計算ができます。現在の感染者1人が、何人にウィスルを伝染させるかを考えるのです。1人がm人に感染させることがわかれば、次の段階の感染者数a_{n+1}は、現在の感染者数a_n人を使って、$a_{n+1}=ma_n$と表すことができます。物凄く現象を単純化していますが、根本的な考え方は同じです。

うわさが正しく伝わる確率、間違って伝わる確率

うわさが伝わっていく状態を漸化式で考えてみましょう。特に、正しく伝わるかどうかに注目します。まず、間違って伝わる確率を考えます。最も簡単な状態でモデルを設定してみます。

「間違って伝わる確率」をα(アルファ)とします。その確率は少ないので、αは0に近くて0より大きな数とします。a_nを「n人目の人が正しいうわさを聞く確率」とします。b_nを「n人目の人が間違ったうわさを聞く確率」とします。最初にうわさを流した人が正しく聞いたと

すると、その人が0人目ということになります。

$a_0=1$, $b_0=0$ が、漸化式の初期値になります。n+1人目の人が正しく聞く確率は a_{n+1}、間違って聞く確率は b_{n+1} となります。この2つの確率を、n人目の人が正しく聞く確率 a_n と、n人目の人が間違って聞く確率 b_n で表してみましょう。

うわさが正しく伝わる確率は $1-\alpha$、間違って伝わる確率は α です。

正しく聞く確率 a_{n+1} は、n人目の人が正しく聞いて a_n、正しく伝わる場合 $1-\alpha$ と、n人目の人が間違って聞いて b_n、間違って伝わる場合 α の組み合せのときに起こります。式にすると

$$a_{n+1}=(1-\alpha)a_n+\alpha b_n$$

同様に、b_{n+1} は、n人目の人がうわさを正しく聞いて a_n、間違って伝わる α、n人目の人が間違えて聞いて b_n、正しく伝わる $1-\alpha$、という2つの場合がありますから、

$$b_{n+1}=\alpha a_n+(1-\alpha)b_n$$

これを隣接二項間連立漸化式と呼びます。

$$a_0=1, b_0=0$$

$$a_{n+1}=(1-\alpha)a_n+\alpha b_n \cdots (1)$$

$$b_{n+1}=\alpha a_n+(1-\alpha)b_n \cdots (2)$$

$0<\alpha<1$

正しく聞く場合 a_n と、間違いを聞く場合 b_n の２つしか、考えていませんから、

$a_n+b_n=1$

よって、$b_n=1-a_n$ となりますから、最初の式（１）に代入して、

$a_{n+1}=(1-\alpha)a_n+\alpha b_n=(1-\alpha)a_n+\alpha(1-a_n)$

$\therefore a_{n+1}=(1-2\alpha)a_n+\alpha$

この解き方は、高校の教科書にも載っていますので、結果を書いておきましょう。

$a_n=\frac{1}{2}+(1-2\alpha)^n$

この式で、$0<\alpha<1$ より $-1<1-2\alpha<1$ ですから、$(1-2\alpha)^n\rightarrow 0\ (n\rightarrow\infty)$ が成立します。a_n は途中に何人も入ると、１／２に近づきます。この確率は、聞いた話が正しい場合が五分五分ということ。信じていいかどうか、わかりません。α がどんなに小さくても、すなわち間違えて伝わる確率がどんなに小さくても、０でなければ同じことが起こります。うわさは自分の目で確かめるまでは、信じることはできないのです。

トルーマン落選を予想した「統計法則」

統計調査のために必要なサンプル数

$$\frac{N}{\left(\frac{e}{k}\right)^2 \times \frac{N-1}{P(100-P)} + 1}$$

N は全体の人数（母集団）
e は許容できる誤差の範囲
k は信頼度＝1.96、統計の 5％検定
P は想定する調査結果の返答割合

母集団の数	必要なサンプル数
2	2
100	94
1,000	607
100,000	1,514
10,000,000	1,537
1,000,000,000	1,537

10万人でも10億人でもサンプル数は同じ

上の数式を見ると、なにやら難しそうですが、これは世論調査に使うものです。この数式から、N人の中から調査に必要な人数がわかります。この式の作り方は統計学の専門書に譲るとして、実際にどれくらいの人数を調査すればいいかを計算したのが上表です。結果は、母集団が10億人でも１５３７人。本当かなと思いますが、これが統計学の難しいところです。

なぜなら、この10億人中の１５３７人は無作為に選ばなければいけないからです。無作為とは、完全な偶然でサンプルを選ぶということ。

よくテレビでやっている「銀座で５００人に聞きました」というような調査は、そもそも銀座にいる人に限定している時点で、全体の統計調査としては意味がありません。

新聞などの世論調査でサンプル数が２０００人ほどである根拠は先の表の数字です。日本全体の１億２０００万人でも、２０００人に調査すればいいわけです。ただし、無作為に限ります。

ある新聞でこんな調査をしていたことがありました。２０００人の世論調査のサンプル数のうち、農林水産業従事者を20人増やすと、彼らに有利な政策をしている政府は支持率を１ポイントほど上げることができます。実際に、ある新聞での調査対象者を見ると、１８９０人ぐらいのサンプルのうち農林水産業従事者が前回の72人から94人に増えていました。これは、１％以上の変化となり、偶然とは考えにくいでしょう。このように、世論調査をするメディアが政府を支持している場合、有利な結果が出るようにもできるのです。

無意識の作為が起きかねない統計調査

そのつもりがなくても、知らない間に作為的な行動をしてしまうこともあります。それによって、アメリカの有名な調査会社ギャラップは世論調査の予測を見事に外しました。ギャラップは、大統領選挙に出馬したトルーマンが負けると予想していました。トルーマンは第2次世界大戦末期、世界で最初に原子爆弾の黒い小箱を持って外交したアメリカ大統領です。つまり、ギャラップの予想は見事に外れ、彼は大統領に当選。

アメリカでは、世論調査は社会的にも政治的にも重要な役割を果たしています。世論に支えられなければ、大統領は政治的決断をできません。この予測の失敗は、世論調査に対する信用を崩してしまいました。

何が原因で予想を外したのか調べたところ、サンプルが、高学歴、高収入の人に偏っていたことがわかりました。サンプルは条件さえ合えば誰でもよかったので、調査員は話を聞きやすい、自分と同じような階層の人（高学歴、高収入の人）を選んでしまったというわけです。特定階層の人たちだけのサンプルでは、正確な調査になりません。実際の分布を表すサンプルをとるのは非常に難しいのです。

しかも、質問の仕方次第で肯定にも否定にも答えを誘導することができます。新聞の世論調査を読むときは、どのように質問したかを注意深く調べる必要があります。みんなが支持するから正しいと考える人が増えたら、国が滅びるときです。自分で資料を見て、数字を見て、判断できるようになりましょう。

人口問題は「指数関数」で予想できる!?

指数関数

初項が 1 で公比が 2 の等比数列

$1, 2^1, 2^2, 2^3, \cdots, 2^{n-1}, \cdots$

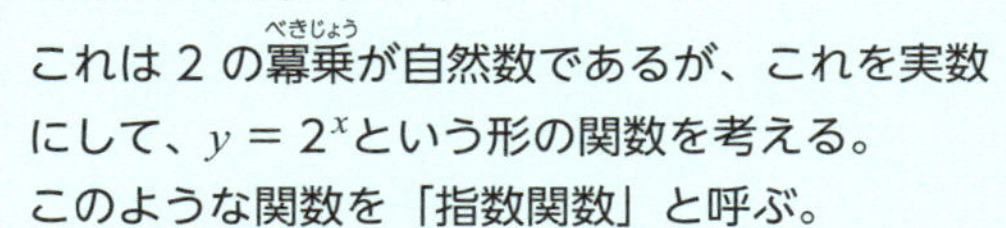

これは 2 の冪乗（べきじょう）が自然数であるが、これを実数にして、$y = 2^x$という形の関数を考える。

このような関数を「指数関数」と呼ぶ。

$\frac{dN(t)}{dt} = \gamma N(t)$ この微分方程式の解は

$N(t) = N(0)e^{\gamma t}$

短い期間での連続的な変化はどう調べる？

人口の増減は、国にとって大変な問題です。経済に与える影響が大きいので、どの国も人口が将来どのように変化するのか調査しています。

新聞などでは、1年あたりの人口の変化を扱うことが多いようですが、増加が激しいときには、1日や1秒あたりの変化を調べます。

また、細胞分裂の速いインフルエンザウイルスの個数を調べるときには、秒単位、分単位での増え方を問題にします。

このように短い時間での変化を調べたい場合、等比数列だと変数がnになるので1年目、2年目というように1年おきにしか考えられません。これでは都合が悪いときがあるので、2次関数のグラフのように、**様々な量の連続的な変化を表す「実数」を変数とした関数で考えたのが「指数関数」です。**

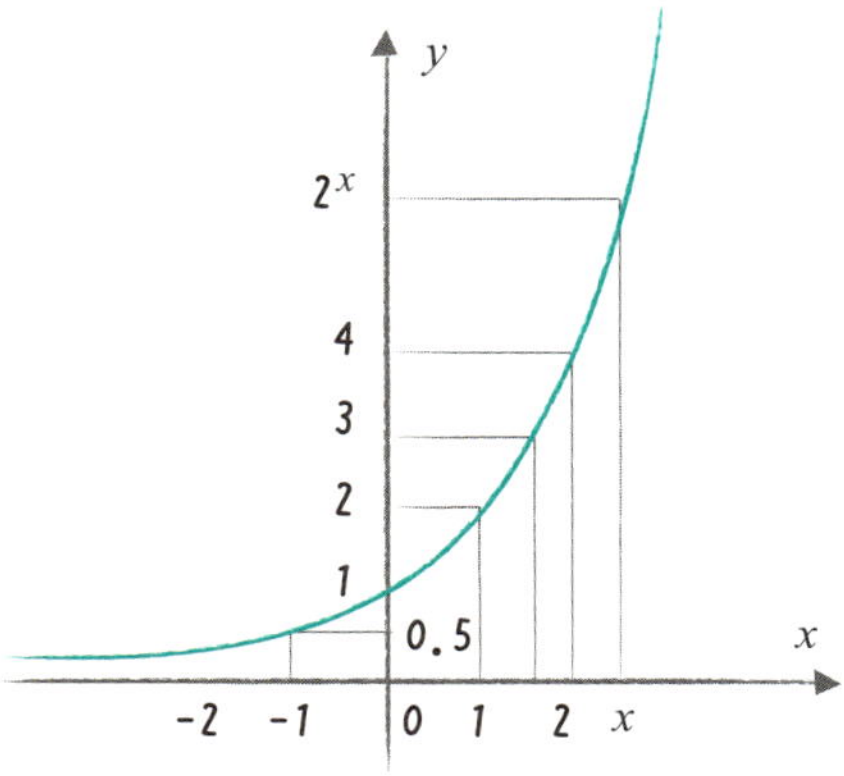

指数関数のグラフを見てみましょう。イギリスの経済学者マルサスは、この指数関数を使って人口に関する「マルサスモデル」を作りました。全人口をN、時間をt、死亡率も出生率も全人口に比例すると仮定。死亡率をα（アルファ）、出生率をβ（ベータ）とすると、人口の変化はNを微分した$\frac{dN}{dt}$（人口の増え方、減り方は速度です。速度を求めるのには微分を使います。人口が変化する速度を表す記号だと思ってください）になります。人口の変化は単位時間に死ぬ人と、生まれる人の人数差$\beta N-\alpha N$です。このことより、マルサスモデルは次のようになります。

$$\frac{dN}{dt}=\beta N-\alpha N=(\beta-\alpha)N$$

指数関数 $y=2^x$ のグラフ

$\beta-\alpha=\gamma$とすれば、

$$\frac{dN}{dt}=\gamma N$$

このように微分を含んだ方程式を「微分方程式」と呼びます。冒頭の公式にあるように、この方程式の解、人口の変化が指数関数になります。

マルサスの予想

人口は今も増え続けています。マルサスの予想によると、人口はマルサスモデルから求められた指数関数で増えます。

一方、当時の農産物は等差数列でしか増えませんでした。上記のグラフを見るとわかるように、指数関数と等差数列の和の2次関数を比較すると、指数関数のほうが速く増加します。だから、マルサスはいつか必ず食糧危機が訪れると考えたのです。

しかし、現代における食糧不足の原因は、貧困と戦

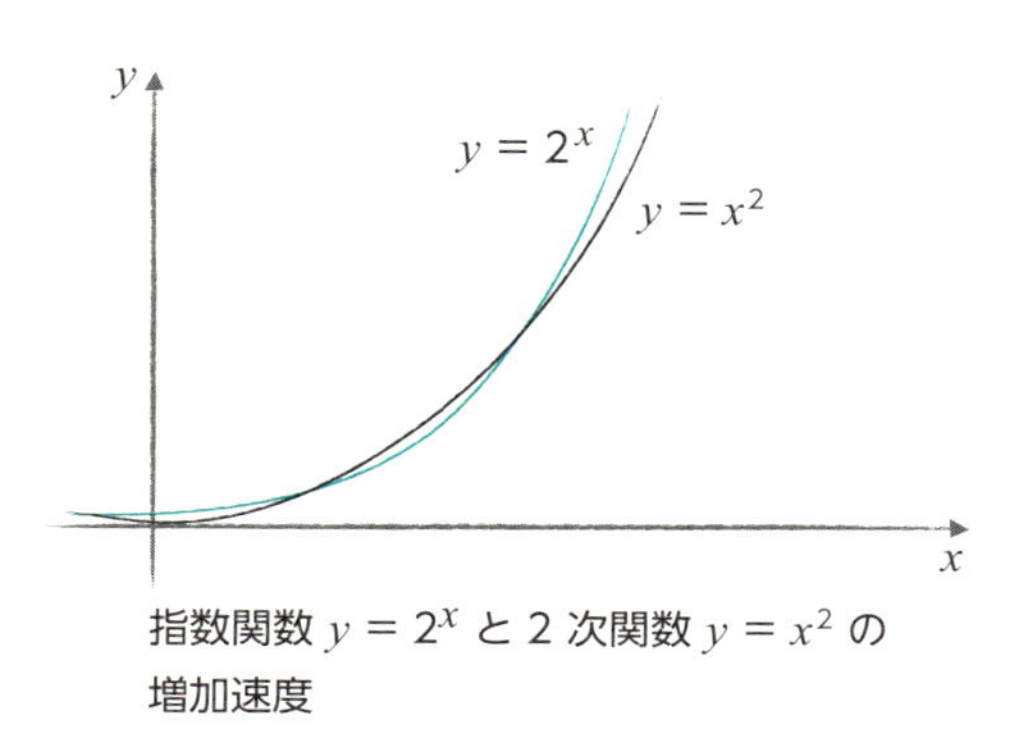

指数関数 $y=2^x$ と2次関数 $y=x^2$ の増加速度

争です。マルサスの予想通りの理由で食糧不足が起きているわけではありません。

富める国に食糧が集まり、アンバランスな食糧供給が地球全体で起きています。さらに、将来的には地球全体の人口増加がいつ止まるかわかりません。地球すべての人たちに供給するために必要な食糧の総量は、日本人の平均摂取カロリーで試算した場合、全世界の今の食糧生産量でギリギリです。もっと人口が増えると、食糧は完全に足りなくなります。人口問題も、地球温暖化と同じくらい大きな問題なのです。

08

「正規分布」の発想から生まれた偏差値

正規分布

平均値の場所を頂点とした左右対称の山形で表示されるデータの分布。
平均から ±1 標準偏差に入る割合が 68.3%、±2 標準偏差に入る割合が 95.4%、±3 標準偏差に入る割合が 99.73% の性質を持つ。

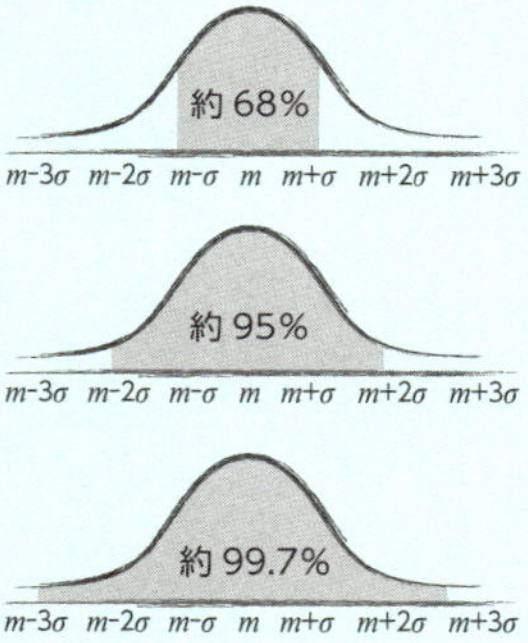

平均よりもデータの特徴がわかる数値とは

データの特徴を調べるときには、平均値がよく使われます。しかし、平均値だけでは事足りません。例えば、(3, 3, 3) と (1, 3, 5) という2つのデータがあるとき、平均値を求めても仕方ありません。どちらも平均値は3ですが、実際のデータの特徴はかなり違います。

そこで、データがどのくらい平均値のまわりに集まっているかを調べる数値を使います。これが「**分散**」や「**標準偏差**」です。

次の (1, 2, 3, 4, 5, 6, 7) のデータで計算し

てみましょう。
平均値は、(1+2+3+4+5+6+7)÷7=4
それぞれのデータと平均とのズレを考えると、
1−4=−3, 2−4=−2, 3−4=−1, 4−4=0, 5−4=1, 6−4=2, 7−4=3
さらに、この1つずつの数字を2乗します。
9, 4, 1, 0, 1, 4, 9
これらの数の平均値を求めます。これが「分散」という数です。
(9+4+1+0+1+4+9)÷7=4
分散はV(X)、σ^2(X)、σ^2などで表します。
平均と分散を使うと、データの中心部とそのまわりのバラツキがわかります。
しかし、分散には困ったことがあります。データと平均との差を2乗しているので、もとのデータとの単位が変わってしまいます。身長(cm)なら分散はcm^2、麦の生産高(t)なら分散はt^2になるということ。そこで単位を揃えるために、分散の平方根を使います。
分散の平方根を「標準偏差」と呼び、σ(X)、σなどで表します。
平均と標準偏差がわかると、「**正規分布**」が使えます。正規分布は統計でよく使われ、そのグラフは釣鐘型になります。左右対称で対称軸のところに平均値があり、そこから標

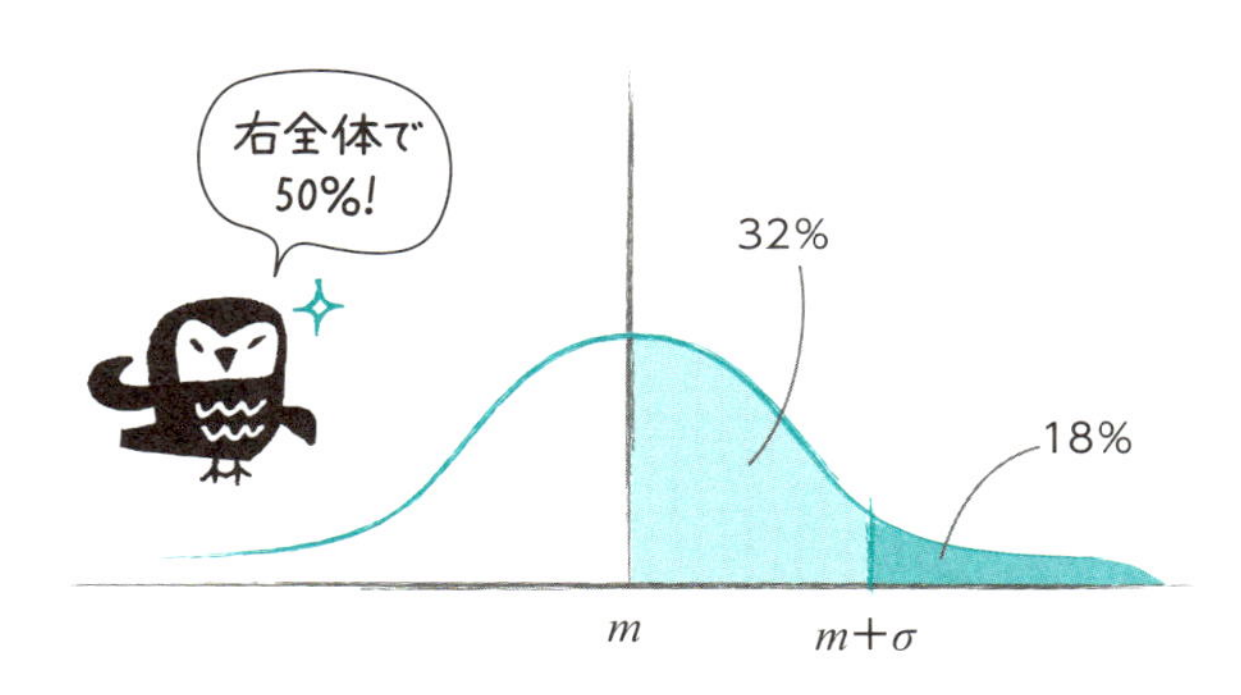

準偏差の範囲内にどのくらいの%が含まれているかがわかります。

偏差値のメカニズム

正規分布のグラフを使うと、どんなことがわかるでしょうか？　上記のようにテストの平均点がmで、標準偏差がσとします。対称軸の左右に50%ずつ分かれます。もし自分の点数がm＋σより少し下回ったとします。m＋σ以上の点を取った人は、全体の50－32=18%いることに。つまり、自分より点数のいい人が約2割弱いることになります。この使い方は、平均（m）や標準偏差（σ）が変わっても同じです。学校全体で自分の上に何%の人がいるか、全国で自分の上に何%の人がいるかが、平均点と標準偏差からわかるのです。

この発想で作られたのが偏差値です。得点aの人の偏差値は、次のような計算で求められます。

$$50+\frac{(a-m)}{\sigma}\times 10$$

これは、日本で主に使われている偏差値の典型的な形です。この処理をすると平均がいつでも50点に変換され、個々の平均点が違うテスト結果でも、自分が全体の中でどのくらいの位置にいるかが数値でわかります。受験産業が偏差値を使うのも当然でしょう。

ただし、便利な一方で困ったこともあります。偏差値は平均点がいくら低くても使えます。だから、学校全体の実力が下がっていても平均偏差値が50になり、自分の成績もそれなりの偏差値になるわけです。つまり平均点が20点でも、平均偏差値が50に変換されるのです。

このようなまわりと比べて、どのくらいの位置にいるかを判断することを「相対評価」と言います。偏差値は相対評価の典型的な例です。ただ、これでは日本全体の学力低下を感じることはできません。

一方で、このテストなら60点は取れないと数学の実力があるとは言えない、と考えるのが「絶対評価」です。「大学生なら分数計算ができないとダメだ」というような声は、絶対評価から生まれてきます。本来の力を知りたいと思うなら、絶対評価で考えないといけません。テストの順位にかかずらう必要はありません。学校で習ったことを、どうすれば社会で応用できるかを考える必要があるのです。

偏差値を使うときには、点数の分布が正規分布であるという前提があります。統計処理をするときに正規分布を使うのは、色々な確率や割合が簡単に求められるからです。

しかし、現実社会の分布は必ずしも正規分布にはなっていません。数学のテストは点数が正規分布になるほうがまれです。正規分布の考え方を使った統計処理の結果が、必ずしも正しい結果を教えてくれるわけではないと覚えておきましょう。

PART 3

お金にまつわる「数学」

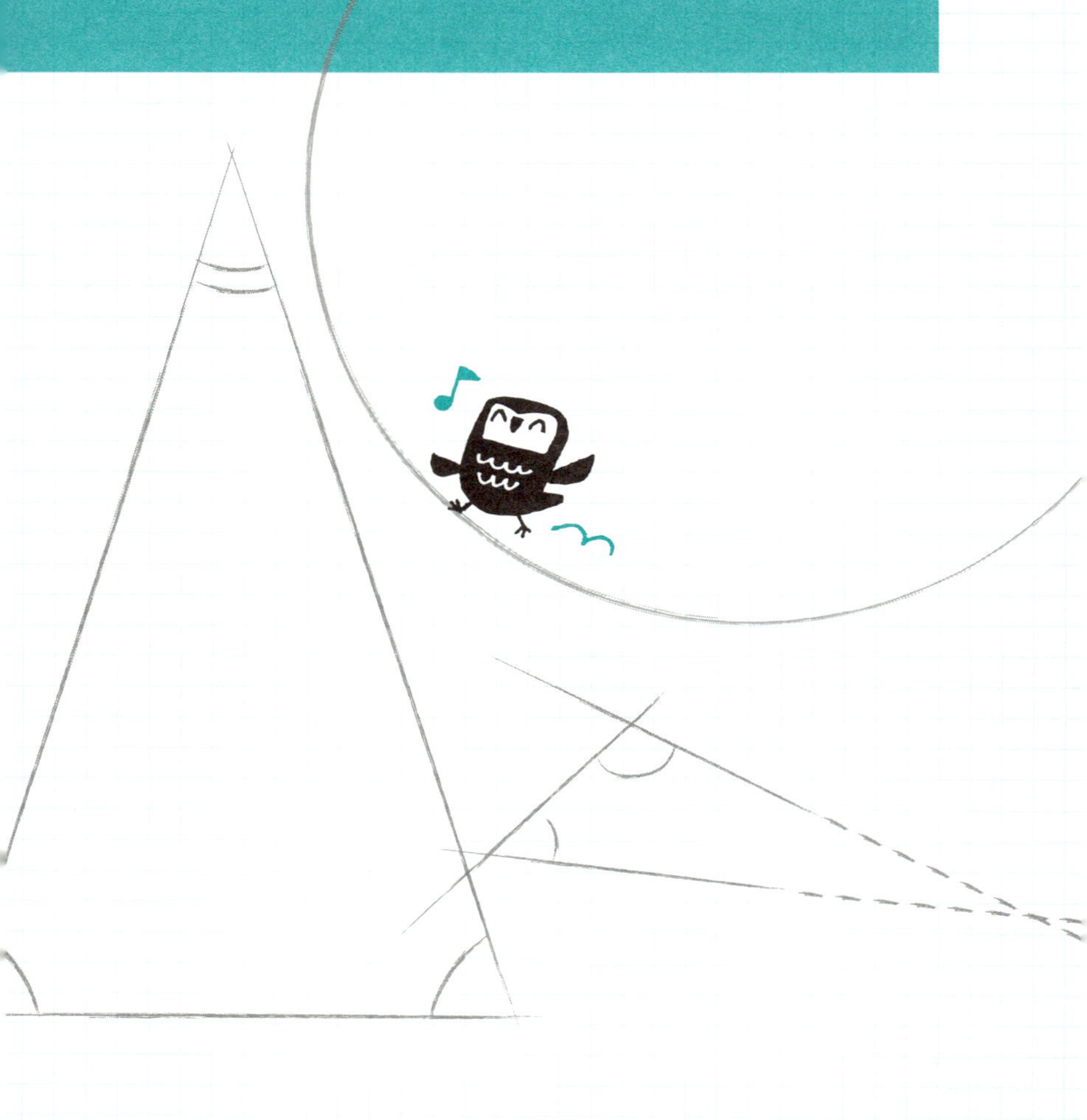

01

利子計算は「%」の発明で超シンプルに！

%（パーセント）

割合を表す単位で、全体を 100 として表すもの。
小数に変換すると、1% は 0.01 となる。
他の比率としては、以下のものがある。
1 割 =0.1
1 分 =0.01
1 厘 =0.001

表裏一体の「小数」と「%」

40人のクラスのうち、身長が160cm以上の生徒が15人いたとします。この身長160cm以上の生徒が全体に占める比率は、次のように計算できます。

$$\frac{15}{40}=0.375$$

比率では0・375、%では37・5%、割合では3割7分5厘です。この場合、割合よりも%で表すことが多いでしょう。

よく小数と%を使って表される数字が、銀行預金の利子や家のローンの金利です。例えば、銀行に200万円を預けたときの利子が1%のときは、次のような計算になります。

200万円×0.01＝2万円

1年間で、2万円の利子がつくという意味です。住宅ローンを組むときも小数を使いますが、利子表示は「年率○%」となっていることが多いでしょう。

ヒストリー・オブ・%

比率を表す「%」には、かなり古い歴史があります。%はもともと小数が一般的ではなかった昔のヨーロッパで、100の中の1を単位として考えられた量でした。小数の代わりに、小さな数を表していたわけです。この量を最初に使っていたのは、おそらく15世紀のイタリア、ルネサンス時代の商人たち。小数がない世界はイメージしづらいかもしれませんが、当時は1より小さい数を表すとき、基本的には分数が使われていました。

現在の10進法の小数がヨーロッパで使われるようになったのは、16世紀に入ってからのこと。中国やインドからアラビアに伝わり、そこで洗練されてヨーロッパに伝わりました。それまで小さい数を表す際、特に天文学者はバビロニアで発達した60進法の分数を使っていました。「○時○分○秒」という時間の表し方から、なんとなくわかるのではないでしょうか。小数点第1位は1／60が何個あるか、次の小数点第2位は1／3600が何個あるか、という意味です。1時間を60に分けると1分。さらに、1分を60に分けると1秒（1時間の1／3600）になります。

しかし、これで小さい数を表すとなると商売では使いづらく、無理があります。そこで、100に対してどれだけを占めているかを表す「％」が考え出されたのです。利子や税の計算をするとき、この発想はとても便利です。例えば、400万円借りるとき、100について2の利子ならば、8万円の利子という計算になります。

2×(400÷100)＝8万円

これなら小数も分数もいらず、普通の掛け算、割り算でできます。10進法の小数のない時代に、とても便利な計算方法だったわけです。当時の商業は、銀行業務もあって今とほとんど変わりませんでした。まさにベニスの商人の世界です。

西洋の％、東洋の文字

世界の全く違う場所で同時に同じことが起こる。そんな不思議なことが歴史にはあります。実は、日本でも％と同じ発想の単位が同じような時期に使われ始めたのです。

世の中が農業中心のとき、経済は1年をサイクルとします。つまり、種をまいて、収穫するまでの1年です。しかし、商業が発達してくると、お金を貸したり返したりする期間が扱う品物によって短くなります。この変化が顕著に表れたのが室町時代、特に応仁の乱あたりでした。ちょうど%がヨーロッパで使われ始めた時期です。

このとき、日本で「文子（もんし）」という単位が使われ始めました。商業が発展すると、お金の回転が速くなります。貸借期間が1年よりも短くなれば、細かい利子の計算が必要になります。「割」の1／10を考えたほうが時代に合うということで、「文子」が生まれました。銀100匁（もんめ）を1ヶ月借りると、利子は銀1匁。これを1文子と言います。つまり、%と同じだったのです。

「等比数列」によって膨れ上がる借金

等比数列

数列 $\{a_n\}$ が $a_{n+1} = ra_n$ の関係で定義されていることである。
$a_1 = a$ をこの数列の初項、r を公比と言う。
a、ar、ar^2、ar^3、ar^4、…
n 番目の項 a_n(一般項)は以下の式で求める。
$a_n = ar^{n-1}$

1.3^3 倍で元金の2倍以上！

日本には「借りるときのえびす顔、返すときの般若顔」という、借り手を戒める言葉があります。お金に困っていると、条件をよく見ないで借りてしまいがちです。法律で厳しく縛られていますが、足元を見られてあり得ないほど不利な条件を押しつけられることもあります。

お金を借りるなら、あらかじめ複利でどのくらい増加するか計算しておきましょう。借金に対するシミュレーションのために、等比数列があります。

バブルのときには、たいていの株が上がっていたので、3ヶ月で3割くらい上がる株を見つけるのは、それほど難しいことではありませんでした。

では、自分のお金を2倍にするにはどうすればいいでしょうか。元手50万円で買った株が３割値上がりしたとします。

$50 \times 1.3 = 65$

65万円に増えました。それを元手に買った別の株が３割値上がったとします。

$65 \times 1.3 = 84.5$

84万5千円に増えました。さらに、それを元手に投資した株が３割値上がったとします。

$84.5 \times 1.3 = 109.85$

最初の元手50万円が１０９万８５００円になり、２倍以上になりました。これは、等比数列の公比が１・３である場合に当たります。１・３の公比を３回掛けると2倍を超えます。覚えておきたい数字です。

$1.3^3 = 2.197 \fallingdotseq 2.2$

複利利子は雪だるま式

現在の銀行利子は限りなく0に近い利率です。私が大学生の頃は、郵便貯蓄の利率が7分ぐらいあったと記憶しています。この利率で10年ぐらい預けると、２倍近くになります。

計算してみましょう。公比（利子）を何回掛ければいいかわかれば、元金を設定する必要はありません。公比１・０７を10回掛ければ、すなわち10乗すれば利子がどれだけつくかわかります。

$1.07^{10}=1.9672$

約２倍になります。塵も積もれば山となると言いますが、７分の利子は塵どころではありません。１万円で７００円の利子がつきます。一時期あった年率24％などは、大変な利子がついていたことになります。

時代劇では、高利貸が「十一（といち）」でお金を貸すという話がよくあります。これは10日で１割の利子がつくという意味です。とんでもない話ですが、１年間でどのぐらいの利子になるか計算してみましょう。

１００万円を借りた設定で考えましょう。10日で１割ですから、１ヶ月に３回も１割の利子がつくことになります。

$100\times1.1^{3}=100\times1.331=133.1$ 万円

最初の計算を思い出してください。約３割の利子が３回つくと元金が２倍になります。１ヶ月で３割の利子を３ヶ月続けると２倍。つまり、３ヶ月で２００万円を超えるのです。

さらに１年間にすると（３６５日を３６０日で計算）、10日が36回となります。

$100 \times 1.1^{36} = 100 \times 30.9 = 3090$ 万円

１００万円が１年間で３０００万円になってしまいます。現在、こんな高利で貸しつけることは法律で禁止されています。ただ、複利で利子がつくというのは、雪だるま式に借金が増えていくということ。借りたら、必ずすぐに返しましょう。

こんなとんでもない利率ではありませんが、住宅ローンだと年間４分程度の利子になります。ローンの場合、借りたときから毎月返済するものなので、ただ借りるという形は取りません。ここでは、借りたままだとどのくらいの金額になるかを見てみましょう。年間４分で、10年借りると何倍になるでしょう？

$1.04^{10} = 1.4802$

約 1.5 倍なので、３０００万円借りると４５００万円です。やはり早く返しましょう。

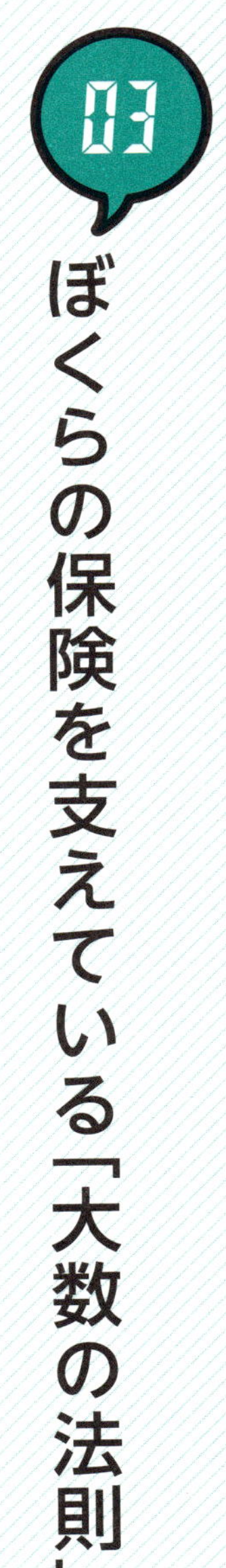

03 ぼくらの保険を支えている「大数の法則」

大数（たいすう）の法則

より多くの試行を
重ねることで、
事象の出現回数が
理論上の値に
近づく法則のこと。

ホールインワンの確率から見る保険

「**大数の法則**」は、この文章を読んだだけでは、どう使っていいのかわかりません。そこで、例えばゴルフでホールインワンが起こる確率で考えてみましょう。過去のデータで2万分の1の確率で、ホールインワンが起きているとします。この確率を、「未来におけるホールインワンの発生確率」と考えます。それなりに多くのデータを取っているので、正しいと考えていいでしょう。何度もゴルフをすれば、ホールインワンは2万分の1の確率で起こる、ということです。

ホールインワンが出たときの慣例として、パーティーを開くことになっています。費用は本人が持つことになっており、その費用捻出のためのホールインワン保険というものがあります。この保険を作るときに、先ほどの「2万分の1」という確率が関係してくるのです。

生命保険や損害保険も基本的な考え方は同じです。年齢によってかなり変化しますが、全体の人数で均(なら)して年間どのくらいの人が亡くなるか生命保険の死亡率を考えます。払戻金や保険会社の利益、保険金の運用利益などの要素は考えず、骨組みだけに注目します。

保険を売ったり募集したりする場合、保険金を計算するために目標契約数をあらかじめ設定します。この数を契約対象件数と呼びます。

契約対象件数が1万件の保険を考えます。現在の1年間の死亡件数が、募集対象の人たちの中で1000件あるとします。死亡時に支払う保険金を500万円と設定し、この条件の下に1年間の全保険金額を計算します。

契約した人が亡くなる確率は1000／1万件＝0・1（10％）です。この死亡頻度が、これから先も有効であると仮定します。この発想が「大数の法則」です。このとき、保険料の金額はどのように計算すればいいかというと、

保険金として払う金額＝500万円×1000件

この金額を契約した人全体で負担することになりますから、

500万×1000件÷1万件＝500万×0.1（死亡頻度）＝50万円

この50万円が、契約した人が1年間に払う必要がある金額です。

これだけ見ると簡単ですが、保険の計算の本質がすべて表れています。年齢が高い人の保険を作るときは、死亡率が上がるので保険料も上がります。死亡頻度が上がって、先ほどの計算の「0・1」の要素が大きくなるからです。

17世紀から変わらない保険の発想

保険には歴史があります。17世紀にできたイギリスのロイズ保険取引所は世界屈指の保険機構として有名です。ロイズは、保険会社が存在するわけではなく、個人が保険を引き受けます。それも無限責任で保険契約を結びます。個人以外にも、金融業者や貿易業者が保険を引き受けています。

シェークスピアの「ベニスの商人」も船舶航海の危険を題材にしているように、この種の保険は非常にリスクが高いものです。そこで、船舶の運行状況に関する正確な情報を載せた新聞を発行したのが、ロイズの名前に残っているエドワード・ロイズです。彼が開いたコーヒー・ハウスに集まった人たちが保険取引を行うようになったのが、発祥由来です。

保険の根本的な発想は「1人は万人のために、万人は1人のために」です。しかし、資本主義社会の企業ですので、慈善事業では保険は存在できません。最近は年齢が高くとも、入りやすい保険が増えてきました。ただ、パンフレットに小さい文字で書かれた部分を必ず読んでください。年齢が高い人向けの保険は、どうしても死亡率や罹病率が高くなるので制約も多くなります。「○年以内に亡くなったら、払い込んだ保険料分しかもらえない」など重要なことが書いてあるので、小さい文字の箇所を慎重に読む必要があるのです。

04

「平均」から生み出される値頃感

相加平均

一般的な平均を指す。n 個の数があるとき、それらの和を n で割った数。

$$相加平均 = \frac{データの和}{データの個数}$$

相乗平均

n 個の正の数があるとき，それらの積の n 乗根。

$$相乗平均 = \sqrt[n]{n\text{ 個のデータの積}}$$

調和平均

いくつかの 0 でない数があるとき，それぞれの数の逆数の相加平均の逆数のこと。

$$調和平均 = \frac{データの個数}{データの逆数の和}$$

人生色々、平均も色々

小学校で習う平均は、「**相加平均**」という、データを足し合わせて個数で割ったものです。これを「**平均値**」と呼びます。

他にも、役立つ平均値は色々あります。例えば、「**相乗平均**」です。洗剤に対してお客が300円だと安く、600円だと高いと感じる、という調査結果があるとします。300円の洗剤と600円の洗剤を並べて、中間の価格帯の洗剤の値頃感を出すためには、いくらに設定すればいいでしょうか？

こういうときに威力を発揮するのが相乗平均です。300円と600円の相乗平均を計算すると、424円になりました。そのくらいの価格にすれば、中間の価格帯の洗剤の値頃感を出せます。人間が持つ値頃感という感覚は経験的にわかっていることで、何らかの証明があるわけではありません。しかし、値段のつけ方に有効であることは確かです。

●相乗平均の例

300 円の洗剤と 600 円の洗剤があります。
この相乗平均を求めます。

相乗平均
$=\sqrt{300\times600}\fallingdotseq424.2\fallingdotseq424$（円）

ベテランの判断力に近づける調和平均

では、ランチの値段についてはどうでしょうか？　食べ物については、相乗平均は使えないことがわかっています。この場合は、「**調和平均**」が役立ちます。これも証明されているわけではなく、経験的にわかっていることです。

例えば、ハンバーグ屋が3つのランチセットの値づけを考えているとします。一番安いのは500円のサービスセットです。中間に、和風ハンバーグセット（以下、和風セット）を750円で売りたいと思っています。これが利益の幅が取れるセットです。そして、極上ハンバーグセット

（以下、極上セット）を一番高く値段設定することで、750円の和風セットの値頃感を生み出したいと思っています。500円は誰もが安いと思うので、極上セットの値段設定がカギを握ります。

調和平均を使って、極上セットの値段xを計算すると上記のようになります。極上セットの値段を1500円にすれば、和風セット750円の値頃感が作り出され、売れやすくなる、ということになります。

●調和平均

$$750=2(\text{データ数})\div\left(\frac{1}{500}+\frac{1}{x}\right)$$

$$750=2\div\frac{x+500}{500x}$$

$$750=2\times\frac{500x}{x+500}$$

$$750(x+500)=1000x$$

$$750\times500=250x$$

$$x=1500$$

これらの平均の公式を使うと、ベテランが経験と土地の特性を生かして行っていた判断を、若いビジネスマンも80%ぐらいは真似できるかもしれません。ただし、ベテランと同じ能力は数式では持てません。それを忘れないでください。

「期待値の公式」とギャンブルの心構え

期待値の公式

ある試行で得られる数値の平均値。
試行によって得られる数値 X が x_1、x_2、x_3、…、x_n で、
それぞれの値をとる確率が p_1、p_2、p_3、…、p_n とすると、
X の期待値は、
期待値 $= x_1 \cdot p_1 + x_2 \cdot p_2 + x_3 \cdot p_3 + \cdots + x_n \cdot p_n$
となる。

サイコロの期待値

$$E = 1 \times \frac{1}{6} + 2 \times \frac{1}{6} + 3 \times \frac{1}{6} + 4 \times \frac{1}{6} + 5 \times \frac{1}{6} + 6 \times \frac{1}{6} = \frac{21}{6} = 3.5$$

▼カジノで儲けるための確率知識

サイコロの1～6の目が出る確率は、すべて1／6です。このように、確率がついてくる数字のことを「**確率変数**」と呼びます。

さらに、確率変数にその起こる確率を掛けて、足し合わせたものを「**期待値（平均値）**」と言います。一般的には、上記の公式のように計算します。期待値の確率変数が金額を表しているときには、期待金額と言う場合もあります。

では、カジノにあるルーレットの場合を考えてみましょう。ルーレットは、賭け方次第で予想が当たったときに戻ってくるお金が変わります。ここは、一番簡単な赤と黒に賭けるゲームで考えます。

カジノで有名なモナコのモンテカルロ式ルーレットは、1から36まで赤黒に分かれていて、0が特別扱いになっています。赤の場所に玉が落ちるか、黒の場所に玉が落ちるかで賭ければ、それぞれの確率はほぼ1／2です。

例えば、赤に100円賭けて、当たったら200円戻ります。黒が出たら、100円はお店に没収されます。0が出たら、賭け金の半分をお店が取ります（この場合は50円をお店が取ります）。

この方式のルーレットで、赤または黒に100円を賭けたときの期待値を計算してみましょう。200円になるのは、自分の賭けた色に玉が入ったときです。37個のポケットのうち、赤と黒はそれぞれ18個ずつ。赤に賭けても、黒に賭けても、賭け金が2倍になる確率は18／37。はずれて0円になる確率も18／37。50円になる確率は1／37です。

以上のことから、このゲームの期待値、または期待金

●モンテカルロ式ルーレットで赤に100円賭けた場合

赤	18／37	賭け金100円が2倍になって戻る
黒	18／37	賭け金100円没収
0	1／37	賭け金50円没収

額が求められます。

$$200\times\frac{18}{37}+0\times\frac{18}{37}+50\times\frac{1}{37}=98.65$$

すなわち、長い間ゲームを続けると、１００円が約98～99円になります。それなら、やらないほうがいいと思えるのは正しい判断力を持っている人でしょう。一方で、損した金額をゲームを楽しむための費用だと思う人もいます。これも１つの考え方です。

賭け事は人生の塩で、それだけ食べても美味しくありません。でも、料理の味を引き立てる、とお釈迦様もおっしゃったそうです。ほどほどがよいということでしょう。

では、カジノの胴元にはどのくらいのお金が落ちるのでしょう。

$$100-98.65=1.35$$

すなわち、１００円のうちの１・３５％の利益があることになります。少ないと思われるかもしれませんが、ゲームは他にもありますし、ルーレットにはもっとお店の取り分が多い賭け方もあります。すべてのゲームで、これほど儲け率が低いわけではありません。また、世の中には桁違いのお金を持って遊ぶ大金持ちもいるので、利益が１・３５％でも、お店はしっかり儲かるのです。

「余事象」で探る宝くじの当せん確率

余事象

ある事象に対して、それが起こらないという事象のこと。

サイコロの１つの目が出る場合、$P(A)=\frac{1}{6}$ なので、

余事象の確率は $P(\overline{A})=1-P(A)=1-\frac{1}{6}=\frac{5}{6}$

例えばサイコロを振って、２の目が出ない確率は $\frac{5}{6}$ となる。

全事象

$\overline{A}$

A の余事象

A

宝くじはどのくらい当たらないのか

最近は宝くじの当せん金額もかなり高くなってきました。かつて1等3億円だったのが、いまや7億円です。全体の当せん金額も増えて、「当たったらすごいな」と考えることもあるでしょう。この宝くじの当せん確率に関して、余事象の確率を使って考えてみましょう。

平成15年の年末ジャンボ宝くじ（1等3億円）が扱いやすいので、その当せん確率を使います。１００組１０００万枚の発売単位で、1等2億円と前後賞の５０００万円を合わせ

て3億円でした。

1等とその前後賞の数は、1000万本のうちの3本ですから、

$$\frac{3}{10000000}=0.0000003$$

ものすごく小さな確率です。「こういう確率を起こりえないと言う」と物理を専門にしている友人が言っていました。

では、宝くじは何回も買い続けると、当たりやすくなるのでしょうか？　どのくらいの確率になるのかを考えてみます。この確率は、何回買っても当たらない確率を1から引けば求められます。これが「余事象」の考え方です。1回買って当たらない確率は、

$$1-0.0000003=0.9999997$$

これをもとに、何回買っても当たらない確率を計算します。例えば、3000回買って当たらない確率はどうなるでしょうか。1回買って当たらないことが3000回ですから、0.9999997を3000乗します。

$$0.9999997^{3000}=0.9991$$

これが3000回買って当たらない確率です。別の見方をすると、3000枚買って当たらない確率とも言えます。

では、3000回買って当たる（3000枚買って当たる）確率は、どうなるでしょうか？　0.9991を1から引いて、

1−0.9991=0.0009

約0・001、すなわち0・1％です。3000枚買うためには、90万円ほどかかります。90万円も賭けて、当せん確率を0・1％にするのがいいかどうかは、人によるでしょう。

同じように考えて、3万枚買うと当たる確率は約1％になります。ただし、900万円かかります。50人のグループで買ったとして、1人18万円です。もし当たると2億円になりますから、1人分が400万円です。18万円を元手にして、1％の確率で400万円になる可能性に賭ける。あまり賢いようには思えません。

等級	当せん金	本数
1等	5億円	60本
1等の前後賞	1億円	120本
1等の組違い賞	10万円	5,940本
2等	100万円	1,800本
3等	3,000円	6,000,000本
4等	300円	60,000,000本
大晦日特別賞	5万円	180,000本

宝くじのリアルな期待値

では、長く買い続けると期待値に近づく、すなわち返還率に近くなることを考えてみましょう。宝くじの返還

率は大体45%あたりに設定してあります。2013年の年末ジャンボでも、年末ジャンボミニでも、49・6%に設定してあります。この設定で買い続けると、1000円が496円になるということ。つまり長いこと買い続けると、元手が約半分になるということです。もちろんどこかで当たる可能性もありますが、どちらに期待するかは、ご本人の考え方次第ですね。

参考のために、2013年の年末ジャンボ宝くじの資料を前ページにつけておきました。興味のある方は計算してみてください。

PART 4

自然科学やテクノロジーの「数学」

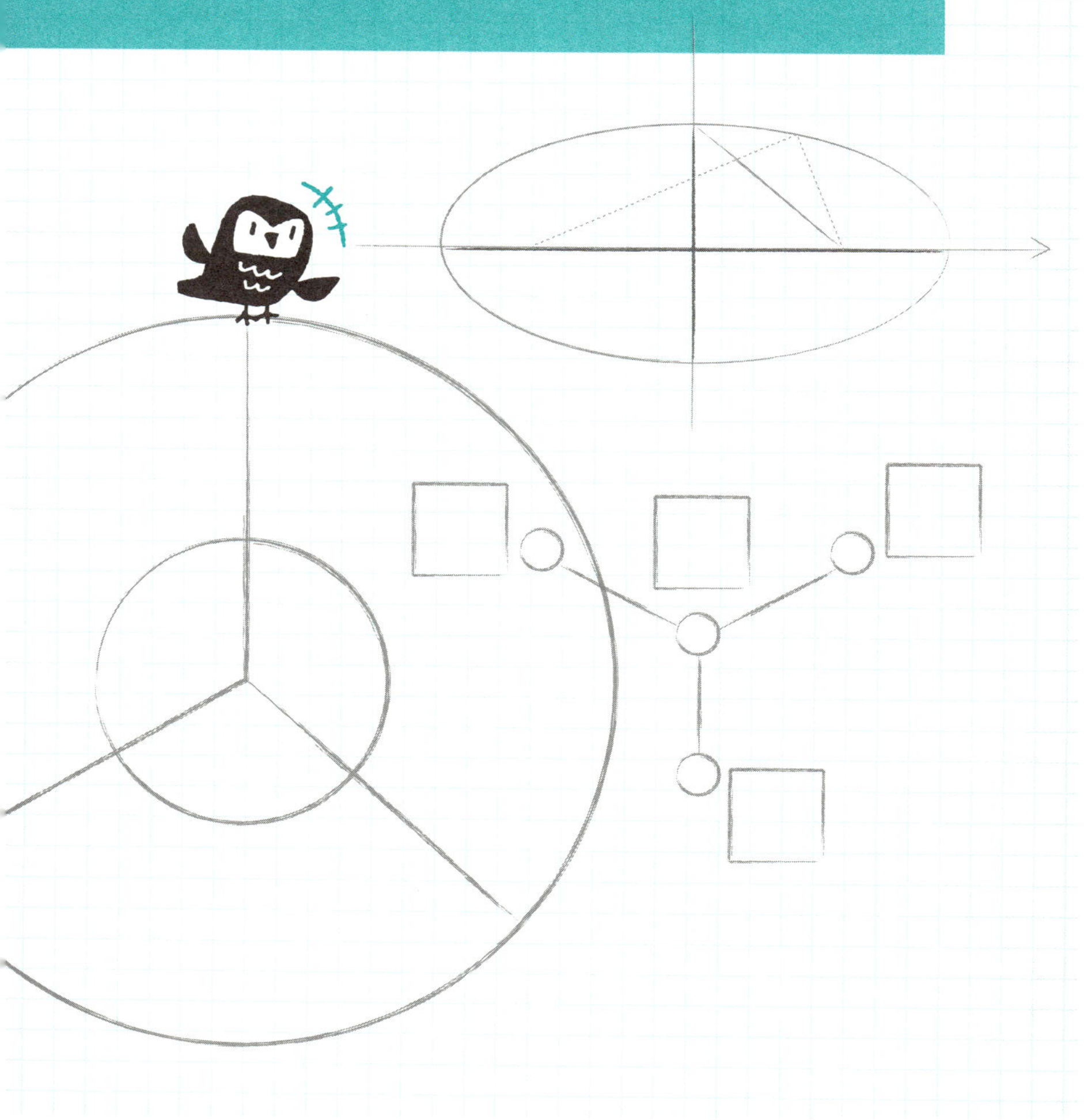

「楕円の方程式」とケプラーの3法則

楕円

「2定点からの距離の和が一定」という条件を満たす点の軌跡

楕円の方程式

$$\frac{x^2}{a^2}+\frac{y^2}{b^2}=1(a>b>0)$$

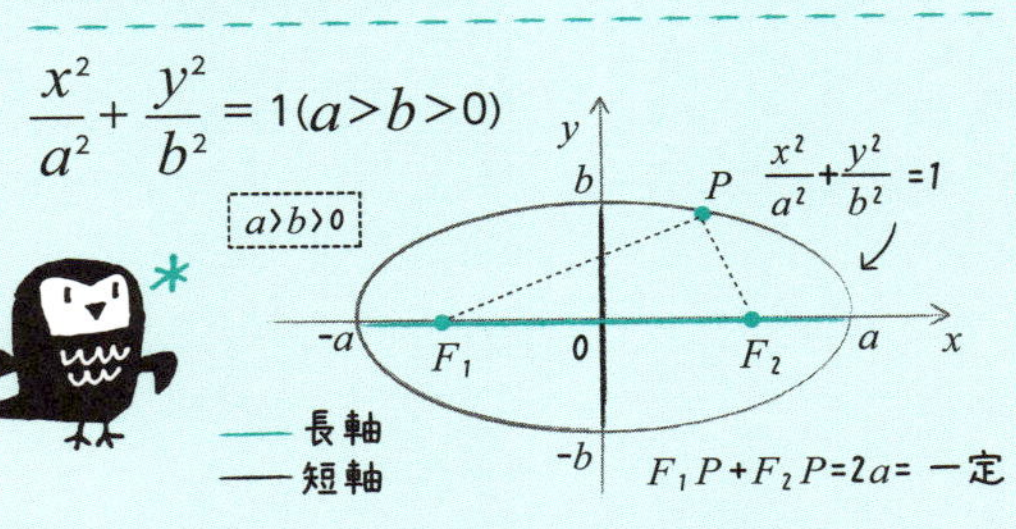

焦点F_1の座標 $(-f,0)=(-\sqrt{a^2-b^2},0)$

焦点F_2の座標 $(f,0)=(\sqrt{a^2-b^2},0)$

コペルニクスの思い込み

コペルニクスが太陽を中心に置き、そのまわりを地球が回る形で、太陽系のモデルを構築したことは有名です。この話を聞くと、たいていの人はそれまでの天動説よりコペルニクスの地動説のほうが正確だったと思います。

しかし、そう単純な話ではありません。天動説は1000年以上も修正に修正を重ねて、天体の運行を正確に表現できるように研究されてきたものです。

そもそも、天動説と地動説の違いは、

天体の動きを表現する際の中心を、「太陽」とするか「地球」とするかにあります。現実には太陽が中心ですが、どちらでも表現できるのです。要するに、天体の運行を機能的に表せるのはどちらか、ということ。

コペルニクスが地動説を唱えたのは、ちょうどローマ・カトリック教会が改暦の計算をしていた頃でした。１０００年以上使われてきたユリウス暦では、春分の日が実際よりも10日ほどズレていました。教会は地動説を禁止していましたが、正確な暦を作るために秘密裏に検証した結果、天動説よりも不正確ということがわかりました。天動説は間違っているのだから地動説より正確なはずがない！　そう思った方は、「科学は万能である」という間違った考えをお持ちのようです。１０００年以上も改良を重ねられてきた天動説は、あたかも太陽が地球のまわりを回っているように天体を記述できていたのです。

では、コペルニクスの失敗はどこにあったのでしょう？　ポーランドの天才修道士コペルニクスは、ローマ・カトリックの教えの中で育ったので、神様がお作りになった世界は、真円のような完璧な形であると信じていました。それで、地球は太陽のまわりを〝真円軌道〟で回ると考えたのです。

これが、天体の運行を正確に表現できなかった大きな理由です。実際のところ、惑星は太陽のまわりを〝楕円軌道〟で回っています。これを真円軌道で考えては、歴史ある天動

●ケプラーの三法則

第1法則（楕円軌道の法則）

惑星は、太陽を1つの焦点とする楕円軌道上を動く。

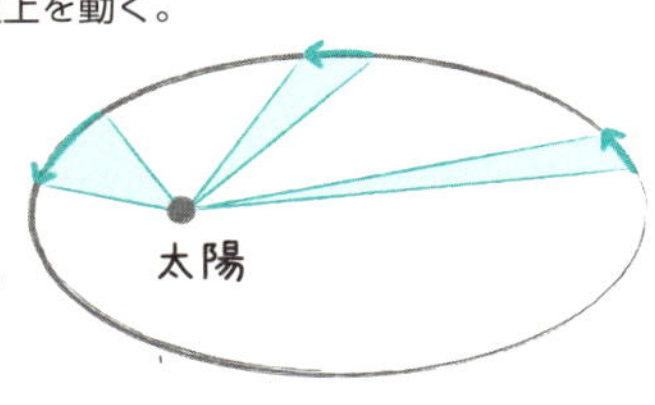

第2法則（面積速度一定の法則）

惑星と太陽とを結ぶ線分が単位時間に
描く面積は、一定である（面積速度一定）。

第3法則（調和の法則）

惑星の公転周期の2乗は、軌道の
長半径の3乗に比例する。

説の天体モデルには敵うわけがないのです。

ケプラーの結論

コペルニクスに対し、「惑星の軌道を楕円としなければならない」と考えたのがケプラーです。彼は火星の軌道についての綿密な観測結果を使って、惑星が太陽のまわりを楕円軌道で回転しているという結論を得ました。

楕円は、円を1つの直径方向に伸ばしたり、縮めたりするとできます。しかし、この方法では楕円の重要な性質が表れません。

楕円の定義は、「2定点からの距離の和が一定」という条件を満たす点の軌跡です。この条件から計算した結果が、冒頭の楕円の方程式です。この2定点を楕円の「**焦**

点」と呼び、P128の図にあるような座標になります。

ケプラーは、火星の観測結果から、地球の軌道になっている楕円の1つの焦点に太陽があることを明らかにしました。そして、惑星軌道についてのケプラーの三法則を見つけたのです。ケプラーも敬虔なキリスト教徒だったので、おそらくは真円軌道であってほしかったかもしれません。

しかし、現実はそうはなりませんでした。そこで、ケプラーは無理に楕円軌道を球の中に埋め込んだり、色々な工夫をしましたが、それらはすべて間違った結果を生んでしまいました。それを差し引いても、科学の歴史の中でケプラーの三法則はいまでも輝いています。

ホームランと「運動エネルギーの法則」

運動エネルギーの法則

運動エネルギーを K、物体の質量を m、速度を v とする場合、

$$K=\frac{1}{2}mv^2$$

ホームランの飛距離を数式で表すと？

野球を観戦していると、ピッチャーの球速や、ホームランの飛距離が気になります。これらを数式で表すと、どうなるでしょうか？

例えば、「ホームランの飛距離が大きい」とは、ボールの持っているエネルギーが大きい、ということです。あるいは、ボールがたくさん仕事をした、とも言えます。この「エネルギー」（正確には運動エネルギー）と、「仕事」という量は物理では同じこと。仕事を求めると、物体の運動エネルギーも求められるのです。

仕事は、「作用している力に、その作用方向に物

体が移動した距離を掛けた値」で表されます。つまり、**「力×距離＝仕事」**です。そして、これが物体の持っている運動エネルギーとなるのです。

では、「仕事（運動エネルギー）」を式で表してみましょう。物体の質量をm、移動した距離をl（エル）、かかった時間をh、物体の速度をv、速度の変化を表す加速度をα（アルファ）とした場合、力FはF=mαで表されます。

また、加速度は速度の変化を表しているので、v=αtになります（tは加速度αで動いた時間）。そして、移動した距離lは、$l=\frac{1}{2}\alpha t^2$と表せます。

仕事は力×距離ですから、仕事をwで表すと

$$w=Fl=m\alpha\cdot\frac{1}{2}\alpha t^2$$

この式にv=αtを代入すると、運動エネルギーの式が求められます。

$$w=\frac{1}{2}m\alpha\cdot\alpha t^2=\frac{1}{2}m(\alpha t)^2=\frac{1}{2}mv^2$$

運動エネルギーの式で飛距離を伸ばす！

この式を使って、打球を遠くまで飛ばすためには何をすればいいかを考えてみましょう。

運動エネルギーは質量mに比例しているので、質量が3倍になれば運動エネルギーも3倍になります。また、速度vは2乗の項が入っているので、速度が3倍になれば運動エネルギーは3の2乗倍、つまり9倍になります。ということは、効率よく飛距離を伸ばすためには、質量よりも速度を増やしたほうがいいでしょう。実際、ボールの重さは規則によって一定の範囲内で決まっているので、速度を増やすしか方法はありません。

ボールに運動エネルギーを与えるためには、ボールにバットを当てて運動エネルギーを移さなければなりません。しかし、ピッチャーの投げたボールも運動エネルギーを持っているので、バットは押し戻されます。しかも、ボールが速いと打ち返しにくい以前に、当てにくくなります。もし、バットを押し戻されずに打てれば、ボールは当たったときの運動エネルギーをバットの反発係数だけ割り引いて自分に受けます。だから、速いボールを的確に打ち返せば、遠くへ飛ぶのです。

もちろん、打とうとするバッターと、打たせまいとするピッチャーとの駆け引きもあるので、数式だけで判断することはできません。ここは、単純にバッター側がボールにインパクトするときのバットのスウィートスポットだけを考えます。

バットのヘッドスピードは、2乗になって運動エネルギーに貢献します。質量を1・5倍にすると、運動エネルギーも1・5倍になります。とは言え、1・5倍の重さのバットで、もとの重さのバットと同じスイングスピードを出すのは難しいでしょう。それよりも、いつものバットで鋭く振ることを心がければ、同じ軌跡で1・2倍の速度で振れるかもしれません。もし1・2倍の速度を出せれば、運動エネルギーは1・44倍になります。非力な人が重たいバットをのそのそ振るより、軽めのバットを鋭く振るほうが飛距離に貢献するのです。

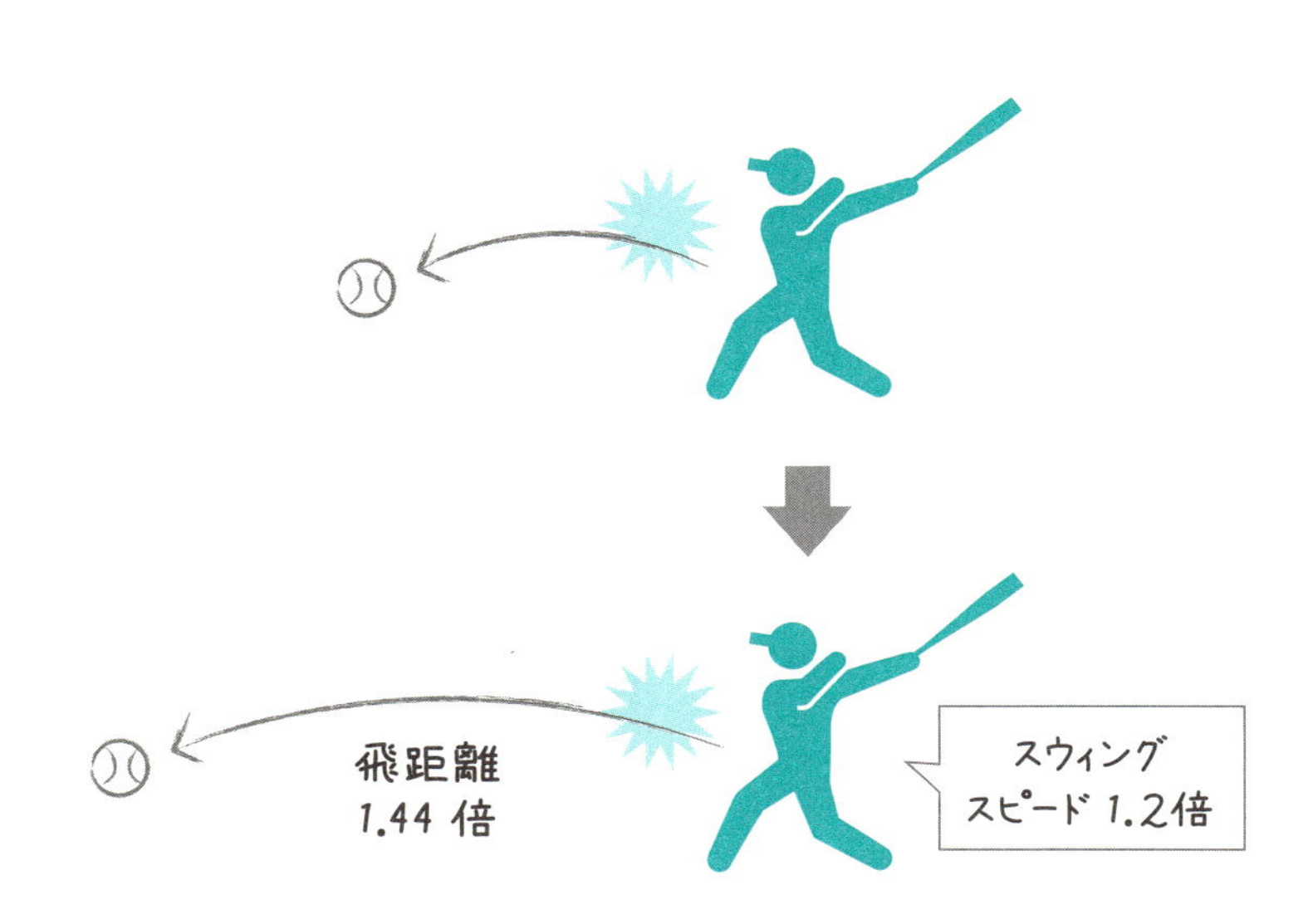

03

携帯電話は「四色問題」によって混線しない!?

四色問題

どんな地図でも四色あれば隣り合う国が違う色になるように塗り分けることができるか、という問題。

▽コンピュータを使った証明問題

四色問題は、地図製作の現場から生まれたと言われています。地図は国境線で接する国を別の色で塗り分けるので、地図の製作現場では、数百年前から経験的に答えが知られていたようです。

実際に数学の問題として登場したきっかけは、フランシス・ガスリーとフレデリック・ガスリーの兄弟であると言われています。その後も多くの数学者が、四色問題を証明しようとしましたが、失敗に終わりました。

四色問題が解決したと言われているのは、1976年イリノイ大学のケネス・アッペル、ヴォルフガング・ハーケン、ジョン・コッホのコンピュータを使った証明です。1200時間もコンピュータを動かして計算した結果でした。一般的な証明のように、人間の手では解決されていません。最初の証明は驚くほど複雑でしたが、現在の証明はかなりわかりやすくなっており、今では四色問題は解決したと考えている人が多いようです。

●三色で塗り分けられる？

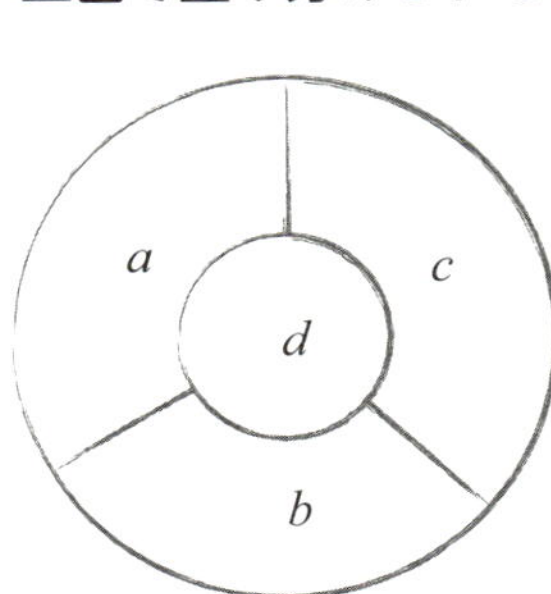

ちなみに、「三色で塗り分けることができるか？」という問題もありますが、これは成立しません。例えば上図の場合では、真ん中のdは、a、b、cの3つと隣接しているので四色目が必要となります。

では、五色ではどうでしょうか？　五色なら塗り分けられます。これは、1890年にパーシー・ヒーウッドによって証明済みです。

▼グラフ理論への転換がカギ

長い間証明されなかった四色問題を考えるとき、「グラフ」というものを作ります。先ほどの図を、色を塗る場所を点で、隣り合う国境に当たるところを直線で表すと、次ページの図のようになります。このように地図を点と棒の組み合わせで表現するのです。座標に描く関数のグラフとは随分違いますが、グラフと言います。

このようなグラフがいくつあるか、どのグラフとどのグラフが本質的には同じであるか、といったグラフの様々な性質について考える数学の分野を「グラフ理論」と言います。これは、例えばビルの各部屋への配線を考える場合にも使えます。多くの部屋がある高層ビルは、機能的に配線しないと電線だけで、ものすごい束になってしまうからです。

●点と棒で表す「グラフ」

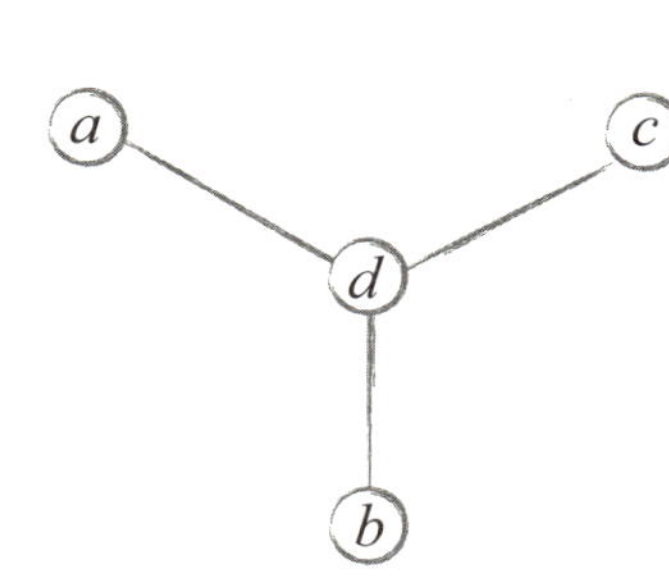

地図は棒で繋がっている点と点に別の色を塗ることでグラフで表され、そのために必要な色が四色で足りるだろうかという問題に変化します。アッペル、ハーケン、コッホがコンピュータに証明させたのは、このグラフ理論だったのです。

▼地図作成以外にも使えるグラフ理論

グラフ理論は地図の塗り分けから始まりましたが、現代社会の意外なところにも使われ

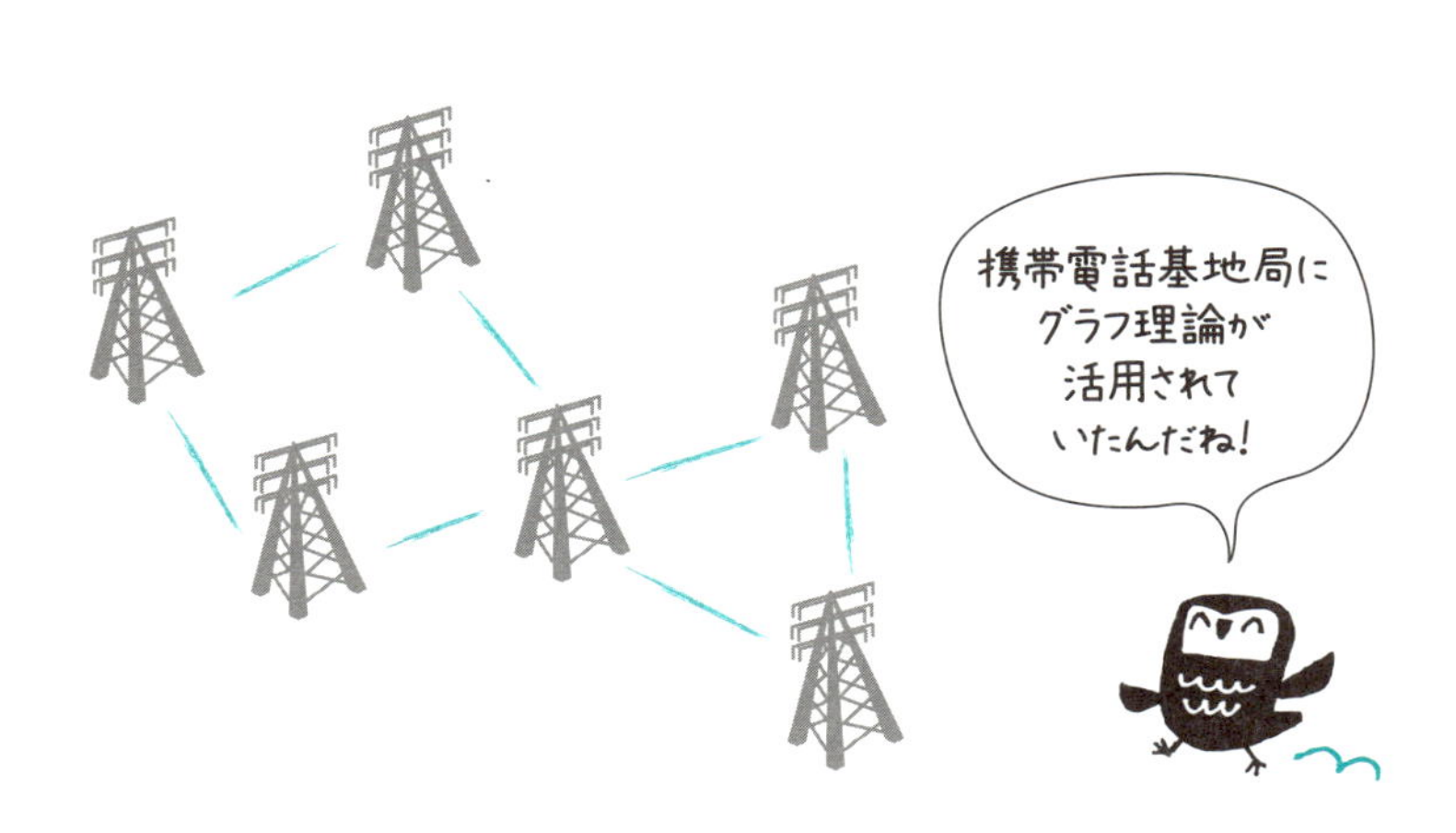

ていました。それは携帯電話のシステムです。そもそも携帯電話は基地局が出している電波を使って、それぞれの電話にチャネルを配分します。基地局が変われば、その基地局の電波の周波数帯の空いているチャネルをもらって新たに通話を開始します。ということは、隣の基地局と同じ周波数帯を使っていると、混線が起きてしまう可能性があるのです。

かつて使われていたＦＤＭＡ・ＴＤＭＡ方式の携帯電話システムでは、混線が生じないように、隣接する基地局に同じ周波数帯を割り当てないようにしていました。このとき、どんなに基地局の数が多くても、隣接する基地局の周波数帯の種類は４種類でいいということが、四色問題からわかります。こんなところにも、数学の応用はあるのです。

大砲の射程距離を「重力加速度」から導く

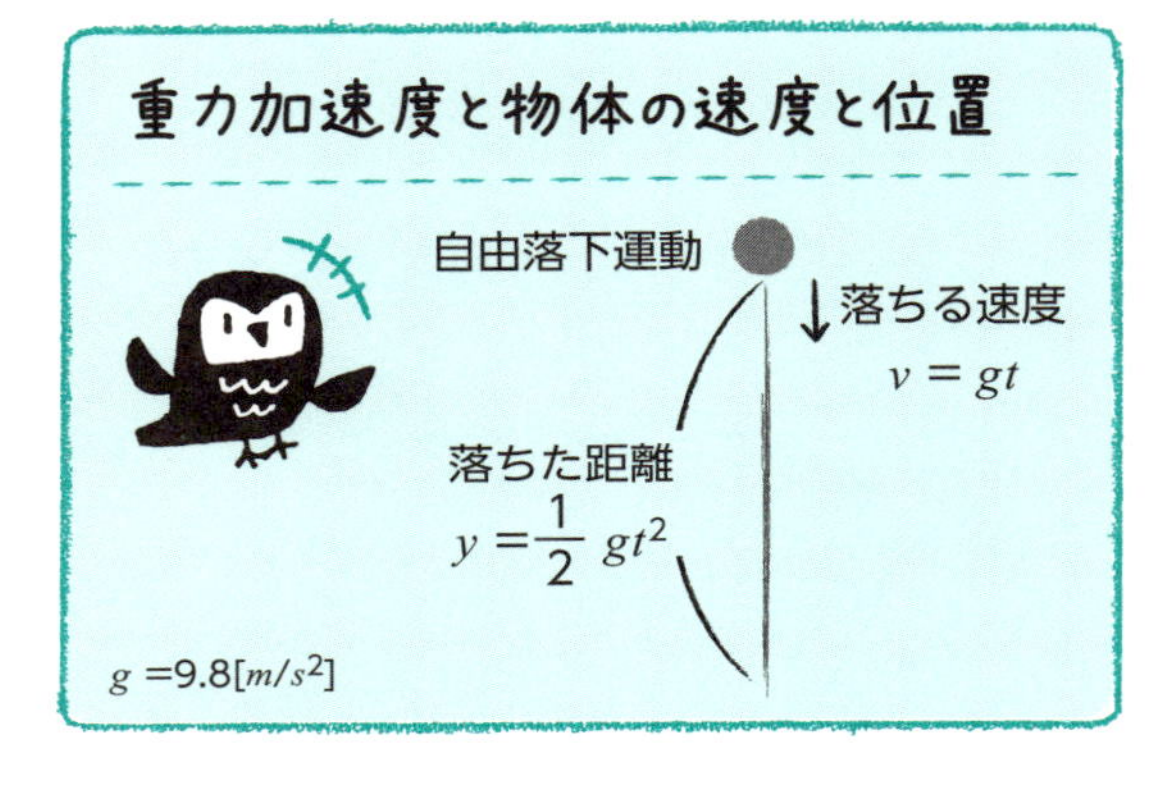

放物線を描く砲弾の射程距離とは

上記の公式は、ガリレオが実験で調べた「落体の法則」です。地球上では重たい物でも軽い物でも、落ちるときの重力加速度gは同じ。同じ加速度でt時間動くと、その速度はgtになります。そして、動いた距離は$\frac{1}{2}gt^2$になります。

この公式を使って、大砲の射程距離を求めてみましょう。大切なのは、初速度の大きさと向きです。自由落下運動の式は、物体に何も力を加えずに放したとき、どのような速度と位置になるか考えたものです。

しかし、大砲は発射するとき、砲弾に発射速度を

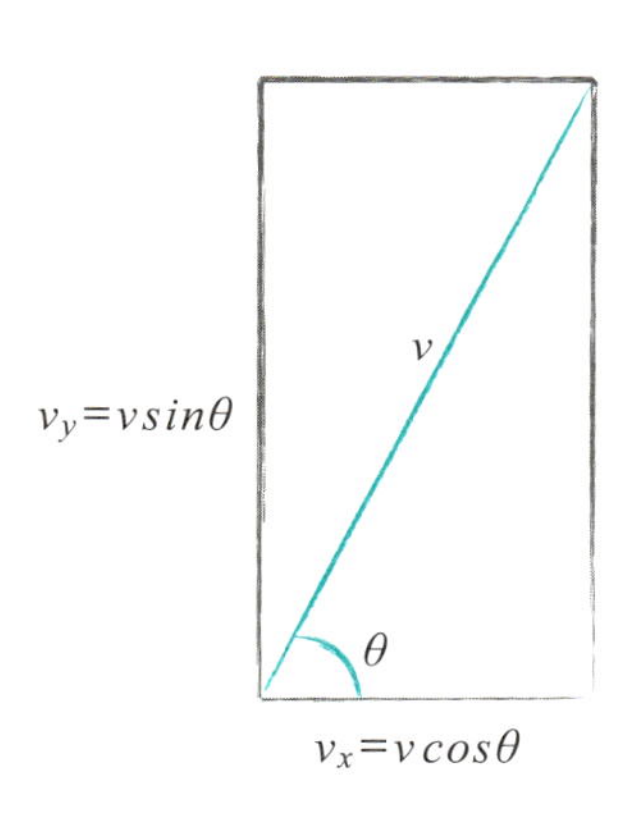

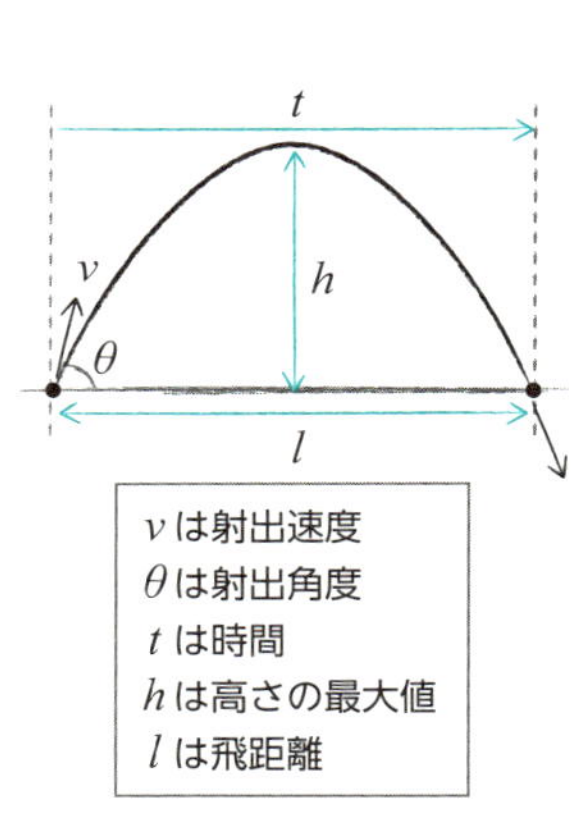

与えます。発射した後は重力しか砲弾に加わりません。

さらに、大砲の角度をθとして砲弾を撃つと考えます（ここでは空気抵抗はなしとします）。上図の$v_y = v \sin\theta$が垂直方向の発射速度で、$v_x = v \cos\theta$が水平方向の発射速度になります。砲弾には下向きの重力加速度gが作用します。上向きの速度$v_y = v \sin\theta$と下向きの速度が釣り合うところが、砲弾が地面から一番離れるときです。そこから落ちて、地面に衝突するまでの時間を、水平方向の速度$v_x = v \cos\theta$に掛けると、飛距離が出ます。

砲弾の高度が最も高くなるときは、

$$v \sin\theta - gt = 0 \quad \therefore gt = v \sin\theta \quad \therefore t = \frac{v \sin\theta}{g}$$

この2倍が砲弾が落ちてくるまでの時間になります。つまり、$2t = \frac{2v \sin\theta}{g}$です。

これに水平方向の速度$v_x = v\cos\theta$を掛ければ、砲弾の飛距離が出ます。
砲弾の飛距離 $2tv_x = 2tv\cos\theta = \frac{2v\sin\theta \cdot v\cos\theta}{g}$ と計算できます。
飛距離を三角関数の倍角の公式 $2\sin\theta\cos\theta = \sin 2\theta$を使って書き直すと、$\frac{v^2\sin 2\theta}{g}$となります。

45度で発射すると一番遠くまで飛ぶというのは、この式からわかります。飛距離の式$\frac{v^2\sin 2\theta}{g}$で変化するのは$\sin 2\theta$だけです。$\sin 2\theta$は$2\theta$が90度のとき最大値を取りますから、砲弾は$\theta$が45度のときに一番遠くまで飛ぶことになります。

ただし、実際には砲弾の大きさや重さに影響されて空気抵抗が発生しますし、風もあります。理屈通りに射程距離が計算できるかどうかは別の問題です。それに、射程距離内で正確に目標を捕らえられるかどうかも難しいでしょう。あの戦艦大和の46センチ砲の射程距離が42㎞でも、42㎞先の戦艦に命中させることは不可能に近いということです。

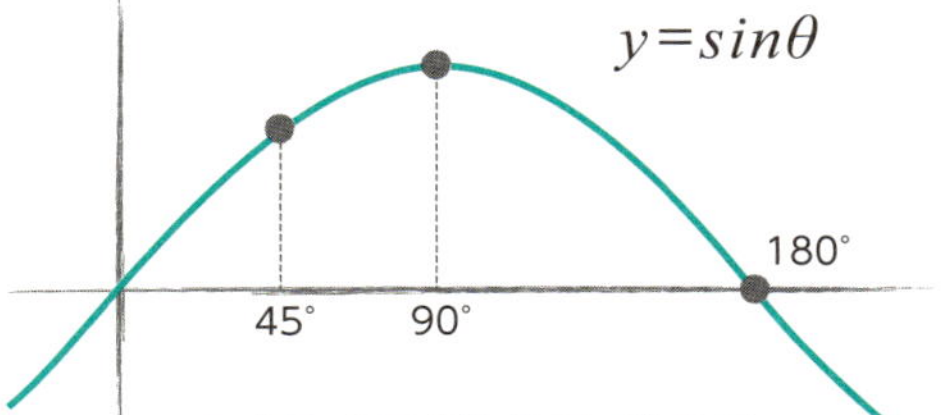

sinθの式でθを 2θと考える

05

「トリチェリの定理」と水時計

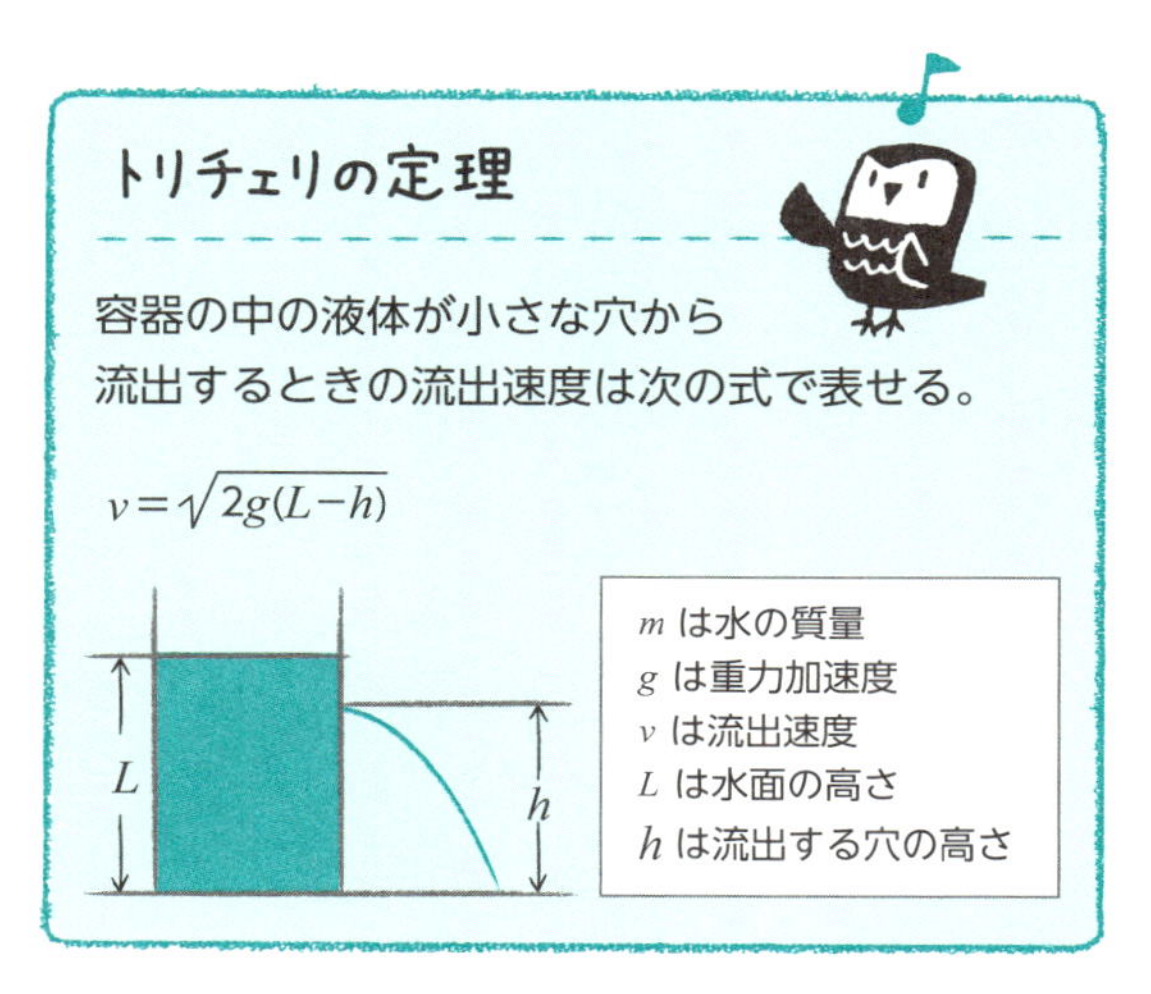

位置エネルギーが運動エネルギーに

「トリチェリの定理」は、イタリアの物理学者エヴァンジェリスタ・トリチェリが１６４３年に発見したと言われています。これは液体が容器から流れ出すときの流出量に関する定理です。ただし、この定理には容器の穴についての条件があります。この穴が十分に小さいことによって、穴まで水位が落ちないことが条件です。

「トリチェリの定理」の基本的な考え方は、水の位置エネルギーが流出する水の運動エネルギーに変わる、つまり２つのエネルギーは等しいという仮定です。容器の形には影響されませんが、流出速度は穴と水の表面との距離の平方根に比例しています。ですから、水が下がって穴に近づくと流出速度が減少します。あまり粘りけのない液体なら、トリチェリの定理が成立していると考えていいでしょう。

病院で点滴を受けていると、終わりに近づくにつれて、薬の落ち方が遅くなるのがわかります。これが、トリチェリの定理の効果です。

▼一定の速度を保てない漏刻にひと工夫

振り子を使った時計の技術がない時代、トリチェリの定理の影響を受けた道具が水時計です。砂時計は大量の砂を入れておけないと、あまり長い時間を計れません。日時計は雨やくもりの日には十分な太陽が当たらなくて影を使えません。それで、昔の人は常に動く時計としては水時計が最も適していると考えたようです。

しかし、トリチェリの定理から、水時計の水が落ちる速度が一定ではないことがわかりました。そこで、工夫が必要となりました。日本書紀に、日本ではじめて水時計(というより時計)が動き出した記述があります。斉明天皇6年(660年)に、中大兄皇子がはじめて漏刻(ろうこく)(水時計)を作りました。さらに、天智天皇10年(671年)4月25日に漏刻を作り、新しい天文台に作った鐘や鼓で時刻を知らせたという記述が続きます。ちなみに、この4月25日を現代の暦に直すと6月10日になります。これが、現在の時の記念日となっています。

漏刻は、水槽の中に常に同じ量の水が入ることが大切です。1つの箱から水を落とすと、トリチェリの定理からわかるように、水の流れが遅くなっていきます。そこで、いくつかの水槽を並べ、サイフォンを使って水槽から次の水槽へ水が流れるようにして、1つの水槽の中の水がいつでも同じ量だけあるように調節します。このようにして、最後の水槽に一定の速さで水が溜まるように設計し、人形または指示棒が指す時刻を見るようになっています。それでも、人間が見ていないといけませんから、律令制により漏刻の各水槽の水の量を管理する官僚として、漏刻博士2人、守辰丁（しゅしんちょう）20人と定められていました。

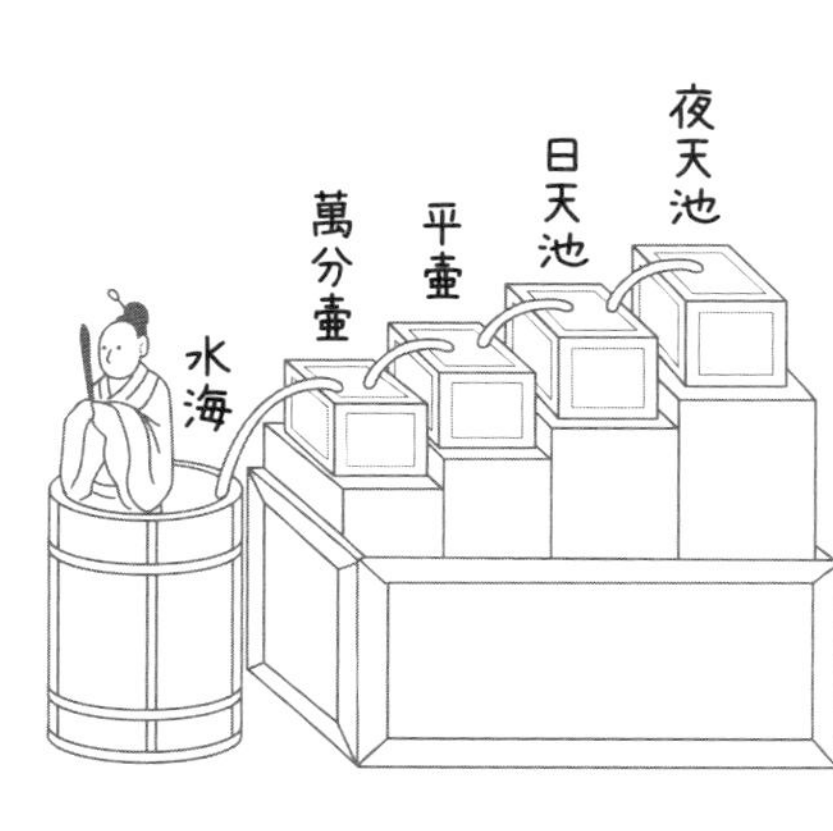

漏刻はかなりの大きさなので持ち運びは大変ですが、天皇の移動とともに移動用の漏刻も作られていたようです。現在、飛鳥宮水落遺跡にあるものが、昔の漏刻の名残であると言われています。

06

バーコードを成立させる「2進法」

2進法

2を基数として、すべての数を 0 と 1 で表す記数法。2進法の 101001 を 10 進法に直すと、次のようになる。

$$101001=1\times2^5+0\times2^4+1\times2^3+0\times2^2+0\times2^1+1\times2^0$$
$$=32+8+1=41$$

2進法と10進法

0と1しか区別できないコンピュータでは、2進法が使われています。オンとオフ、電流が右に流れるか左に流れるか、など2種類のものを区別するのに2進法は便利です。

10進法は各桁が10の何乗になるかを表していま す。例えば、千の位は10^3がいくつあるか、万の位は10^4がいくつあるかを表しています。

一方、2進法は百の位は2^2がいくつあるか、千の位は2^3がいくつあるかを表しています。

2進法は、各位に0と1しか入れません。2が桁に入ると2は2^1ですから、位が一つ上がります。

2進表記	0	1	10	11	100	101	110	111	1000	1001	1010
10進表記	0	1	2	3	4	5	6	7	8	9	10

これは、10進法で10が桁に入ると繰り上がるのと同じ意味です。もし、3が入ると、3の中には2がすでに入っていますから、2進法では、11になって位が一桁上がります。ですから、2進法の各桁には0と1しか入れないのです。

バーコードはなぜ機能するのか？

数字を2進法で表すと、すべてを0と1の組み合わせで表すことができます。これを利用しているのがバーコードです。これは、何をどのようなしくみで伝えているのでしょうか？

バーコードは黒い棒と白い棒の組み合わせで数を表します。つまり、1と0を使って表現できる2進法しか使えません。日本のJANというバーコード規格は、もともと国際基準に従って作られたものです。2進法の13桁（10進法で数えた桁数）の数字で、商品の種類や値段を表します。

最初の2桁はフラッグと呼ばれ、国を表します。例えば、日本の番号は49ですが、この49を2進法で表して白い棒と黒い棒の並びに変換してあります。次の5桁はメーカーまたは発売元、その次の5桁は商品が何かを示してあります。

ここまでで12桁ですが、最後に残った数字は何を表しているのでしょうか？　バーコードの白い線と黒い線を認識するのは、光学読取装置です。もし間違えて読み取ると、別の値段や品物と認識してしまいます。

そこで、バーコードを正確に読み取っているかどうかを判断するために、13桁目の数値（チェックディジット）が使われます。バーコードの偶数番目の数値を3倍し、奇数番目の数値とすべて足し合わせます。その数に足すと10の倍数になるよう、13番目の数値を設定します。もしバーコードを読み取って、10の倍数にならなかったときは、読み違えていることになるのです。

●13桁バーコード

論理の真偽も計算できる

コンピュータの計算は、数字だけを扱うわけではありません。論理計算と言って、真か偽かを判断することもできます。この計算にも2進法は有効なのです。

真を1に対応させ、偽を0に対応させます。Aが真のときは1という値になり、偽のときは0という値になります。Bについても同じです。

そこで、数学で使う「かつ」という言葉を考えてみましょう。AかつBが真のときには、AもBも真でなければなりません。先ほどの真偽の値を1と0で表すと、Aが真ならAは1、Bが真ならBは1です。AとBの値を掛け合わせると、1×1で1になります。「かつ」が真か偽かを判断するには、AとBの値を掛ければよいのです。AB両方とも1なら、掛け合わせると1なので、AかつBの値が1で真になります。A、Bどちらかが0なら、掛け合わせると0なので、AかつBの値は0で偽になります。このように、2進法を使うと、論理の真偽も計算で表現できるのです。

飛行機が飛ぶ条件を計算する「ベルヌーイの定理」

ベルヌーイの定理

水や空気のような流体は、流速が速くなるに従って圧力が低くなる。

飛行機を上に押し上げるメカニズム

私が子供の頃は、よく戦艦や飛行機のプラモデルを作りました。特に好きな戦闘機は双胴のロッキードＰ－38ライトニングで、「何でこの形なんだろう？」と翼の特徴が気になったものです。これが、科学への興味の第一歩だったことは間違いありません。

飛行機の翼は上側が丸みを帯び、下側が平面に近い曲線になっています。この形が、飛行機が空を飛ぶための揚力を作り出しているのです。

翼の上面のカーブを流れる空気は、翼の下面の平面を流れる空気より速度が速くなります。そのとき、**「ベルヌーイの定理」**が作用します。**翼の上面の空気の流れが速いと、圧力は下面の空気より小さくなります**。それで、下から上への圧力が、上から下への圧力より大きくなり、揚力、すなわち飛行機を上に押し上げる力が発生するのです。

揚力を計算してみる

飛行機の翼にはどのぐらいの加重がかかっているのでしょうか？　翼の研究は、実験と理論を組み合わせなければならない非常に難しい分野なので、細かい式がたくさんあります。ここでは、一番単純な式を使って計算してみましょう。

飛行機を押し上げる揚力L（kg）は、次の式で与えられます。

$$L=\frac{1}{2}PV^2SC$$

Pは空気の密度、Sは主翼の面積、Vは飛行速度、Cは揚力係数（翼の形で決まる）です。揚力Lは空気の密度Pと主翼の面積Sに正比例し、飛行速度Vの2乗に比例（2乗の場合は正比例とは言いません）しています。

飛行機が飛ぶためには、少なくとも揚力が飛行機の重さと同じでなければなりません。2乗に比例する要素があるということは、その要素に大きく影響を受けるということ。揚力は飛行速度が2倍になると4倍、速度が4倍になると16倍になります。

また、揚力は主翼面積と正比例の関係にあります。主翼面積が2倍になれば揚力も2倍、主翼面積が１／２なら揚力も１／２です。

さらに、揚力は空気密度とも正比例の関係にあります。空気密度は地表近くでは０・１２５ですが、高高度では空気が薄くなって減ります。その結果、空気密度に比例して揚力も下がります。

では、総重量40トン、主翼面積１５０平方メートル、飛行速度５００km／ｈで水平飛行している飛行機の輸送力を総重量60トンに増やしたい場合、どうすればいいかを考えてみましょう。空気密度Ｐは０・１２５で一定とします。そのために必要な揚力は、もとの総重量40トンの１・５倍になります。主翼面積だけで必要な揚力を得ようとすると、150 × 1.5 ＝ 225となり、主翼を２２５平方メートルにする必要があります。

飛行速度で考えてみましょう。揚力は飛行速度の2乗に比例するので、揚力を１・５倍にするための飛行速度は$\sqrt{1.5}$倍となり、約６１２km／ｈが必要になります。飛行機の強度などの問題もあるので簡単には設計できませんが、参考にはなります。

飛行機の特徴を考えるときに、もう１つ重要な数値としてＬ／Ｓがあります。この数値は「翼面加重」と呼び、翼1平方メートルにどのくらいの重量がかかっているかを表しています。ジャンボジェット機の場合ですと約690kgとなり、翼1平方メートルに体重60kgの人が12人ぐらい乗っていることになります。翼は、かなり頑強でなければいけないことがわかるでしょう。

「2次関数」で見つけたカオス現象

2次関数

2次式 $y=ax^2+bx+c(a\neq0)$ で表される関数。
グラフは放物線になる。

2次関数
$y=-ax^2+ax$
$=ax(1-x)$

$a=4$ で考える。
a が小さいとカオスは起こらない。

2次関数（放物線）

y
a 大
1
0.5
0
0.5
1
x

ニュートン力学から外れた現象の発見

ピッチャーにとって、バッターを三振に討ち取るのは気持ちがいいでしょう。しかし、ボールを離す位置がほんの少し狂うと、とんでもない方向に反れてしまいます。同じように、ゴルフのティーショットも、ドライバーのフェースのわずかな角度のズレでボールは林の中に飛んでしまいます。

これらの現象は、ニュートンの「万有引力の法則」に従っています。つまり、ズレてもズレなくても、どちらもほぼ放物線に近い軌道になるのです。

●2次関数（放物線）からの数列の作り方

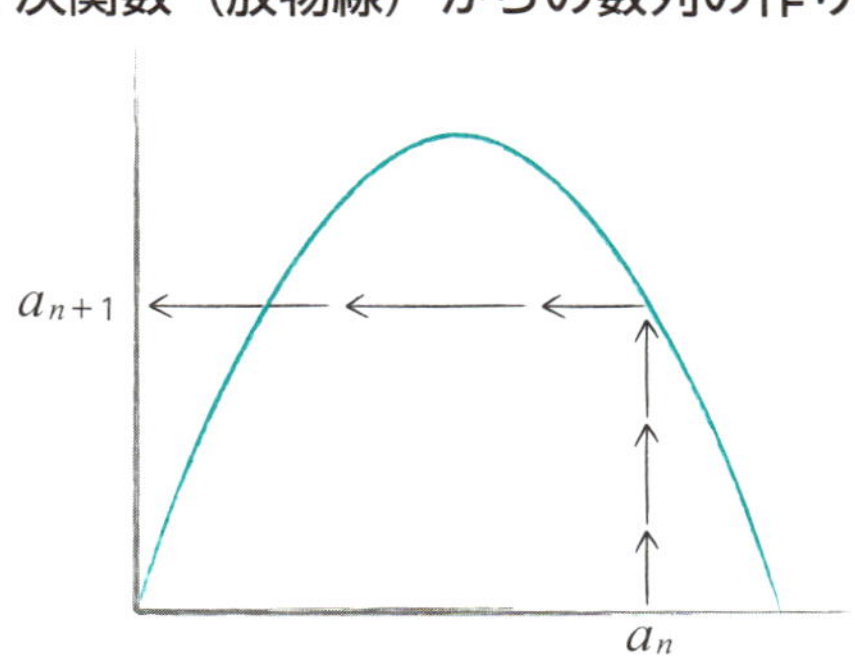

しかし、力学的な関係があるのに、ちょっとのズレで軌道自体が極端に変わる現象が発見されました。１９６１年の冬、エドワード・ローレンツという優れた数学の才能を持った気象学者が、ＭＩＴ（マサチューセッツ工科大学）の真空管を使ったロイヤル・マクビーというコンピュータで気象モデルの計算をしていました。現在のような、大気の動きがビジュアルでわかるものと違い、彼のモデルはただ数値だけを計算するものでした。

　ローレンツはデータを詳しく調べるため、計算をコンピュータで繰り返しました。ズボラして途中のステップから繰り返したとき、コンピュータが全く違う結果を出したことに気づきました。これが微分方程式の解のカオス現象の発見でした。原因は、最初の計算で「０・５０６１２７」となっていた数値を「０・５０６」と省略して入力したことでした。わずか「０・０００１２７」のズレのせいで、全く違う天候になってしまったのです。

つまり、ほんのわずかな大気状態の違いが、最終的に大きく異なる気象を生み出してしまうのです。このような初期値に神経質に依存する現象も、現在の気象予報ではスーパーコンピュータを使って予測できるようになりました。

この現象を数列で実験してみましょう。冒頭の2次関数で「0・3」と「0・30001」を代入して繰り返し計算します。

$a_{n+1}=4a_n(1-a_n)$　$a_1=0.3$ と$a_1=0.30001$で計算します。

0.3	0.30001
0.84	0.840016
0.5376	0.537556
0.994345	0.994358
0.022492	0.022441
0.087945	0.087748
0.320844	0.320192
0.871612	0.870677
0.447617	0.450396
0.989024	0.990158
0.043422	0.038982
0.166146	0.14985
0.554165	0.50958
0.988265	0.999633
0.046391	0.001468
0.176954	0.005863
0.582565	0.023314
0.972732	0.091083
0.106097	0.331147
0.379361	0.885955
0.941785	0.404155
0.219305	0.963255
0.684842	0.141579
0.863333	0.486136
0.471956	0.999231
0.996854	0.003073
0.012544	0.012254
0.049548	0.048415
0.188371	0.184283
0.611548	0.60129

15番目くらいから、全く違う動きをする数列になっています。とても近い2点が、大きく異なる動きをするのがわかると思います。この2次関数の作り出す数列は、昆虫の個体数などの予測にも使われているのです。

09

マグニチュードを扱うのに便利な「対数公式」

対数

$log_a x$は a を何乗したら x になるかを表す式。

$log_2 8 = 3$

この式は、2 を 3 乗したら 8 になることを表している。

$a^x = b \longleftrightarrow x = log_a b$

指数の底は対数の底

$log_a 1 = 0$

$log_a a = 1$　　$log_a \frac{1}{a} = -1$

$log_a M + log_a N = log_a MN$

$log_a M - log_a N = log_a \frac{M}{N}$

$n\ log_a M = log_a M^n$

対数は計算を簡単にする

「**対数**」は公式が多いので、高校数学の中でもかなり嫌われています。しかし、逆に言えば公式が多いということは、ちゃんと覚えればそれだけ使える道具がたくさんあるということ。

では、誰がこんな公式の多いものを作ったのでしょうか。16～17世紀のスコットランドの数学者、物理学者ジョン・ネイピアがその1人です。彼は九九の計算が苦手な人のために、

「ネイピアの骨」という計算用具も作りました。同じように、対数も計算を簡単にするためのものです。

対数の話をするときは、必ず定義をはっきりさせましょう。対数がわからない人は、たいてい定義をちゃんと覚えず、公式だけを覚えようとしていることが多いのです。対数の定義は簡単です。対数 $y=\log_a x$ は「aを何乗したらxになりますか?」という意味で、その答えがyということ。

では、ちょっと練習してみましょう。$\log_2 8$ の答えは?「2を何乗したら8になりますか?」という意味なので、答えは3です。つまり、冪乗の計算です。そのような計算は小学生の頃からしているはずなのに、対数がわからない人は使う前の計算練習が足りないのでしょう。

対数の公式には、右辺の掛け算や割り算が、左辺では足し算と引き算になるものもあります。ネイピアは、掛け算が足し算に変われば計算しやすくなると思ったのかもしれません。でも、対数に変換するのは大変ですから、難しいでしょう。

ちなみに、私が学生の頃は、棒を動かすことで掛け算をする計算尺という道具がありました。これも対数を応用した計算用具です。

巨大な数になる現象を扱う道具

対数 $\log_a x$ のaを対数の「底（てい）」と呼びます。この底aは対数をどこに使うかで色々な値に変わります。よく使うのは a=10 のときで、**10を底にした対数を常用対数と呼びます**。これを使うと、$\log_{10} 10=1$、$\log_{10} 100000=5$、$\log_{10} 100000000=8$ のように、1億でも8という数で表せるのです。

ですから、大きな数になる現象を扱うときは、対数を使うと便利です。例えば、世界の人口70億という数を直接扱うのは無理があります。人口を考えるときには微分積分を使うことが多いので、底は高校3年生で習う e=2.7…という数にします。この数もネイピアが作ったものです。

常用対数がよく使われる数として、地震のエネルギーの大きさを表すマグニチュードがあります。これはアメリカの地震学者チャールズ・リヒターが、日本の地震学者である和達清夫（わだちきよお）の最大震度と震央までの距離の図にヒントを受けて考え出したものです。いくつかの決め方がありますが、常用対数を使うことには変わりありません。

マグニチュードは地震エネルギーと対数関係にあり、リヒターの式では $MI=\log_{10} A$ で表されます。リヒターマグニチュードMIは、ウッド・アンダーソン型地震計の最大振幅

Aを震央から１００kmの場所に置いた値に換算したものの対数です。マグニチュードが1増えると振幅は10倍になり、マグニチュードが約０・３増えると振幅は2倍になるということ。つまり、マグニチュードが少し増えただけで、地震のエネルギーは格段に増えていくことになります。現在のマグニチュードは、リヒターマグニチュードより改良された数値を使いますが、基本は同じ対数を使っているのです。

「放物線」と反射望遠鏡

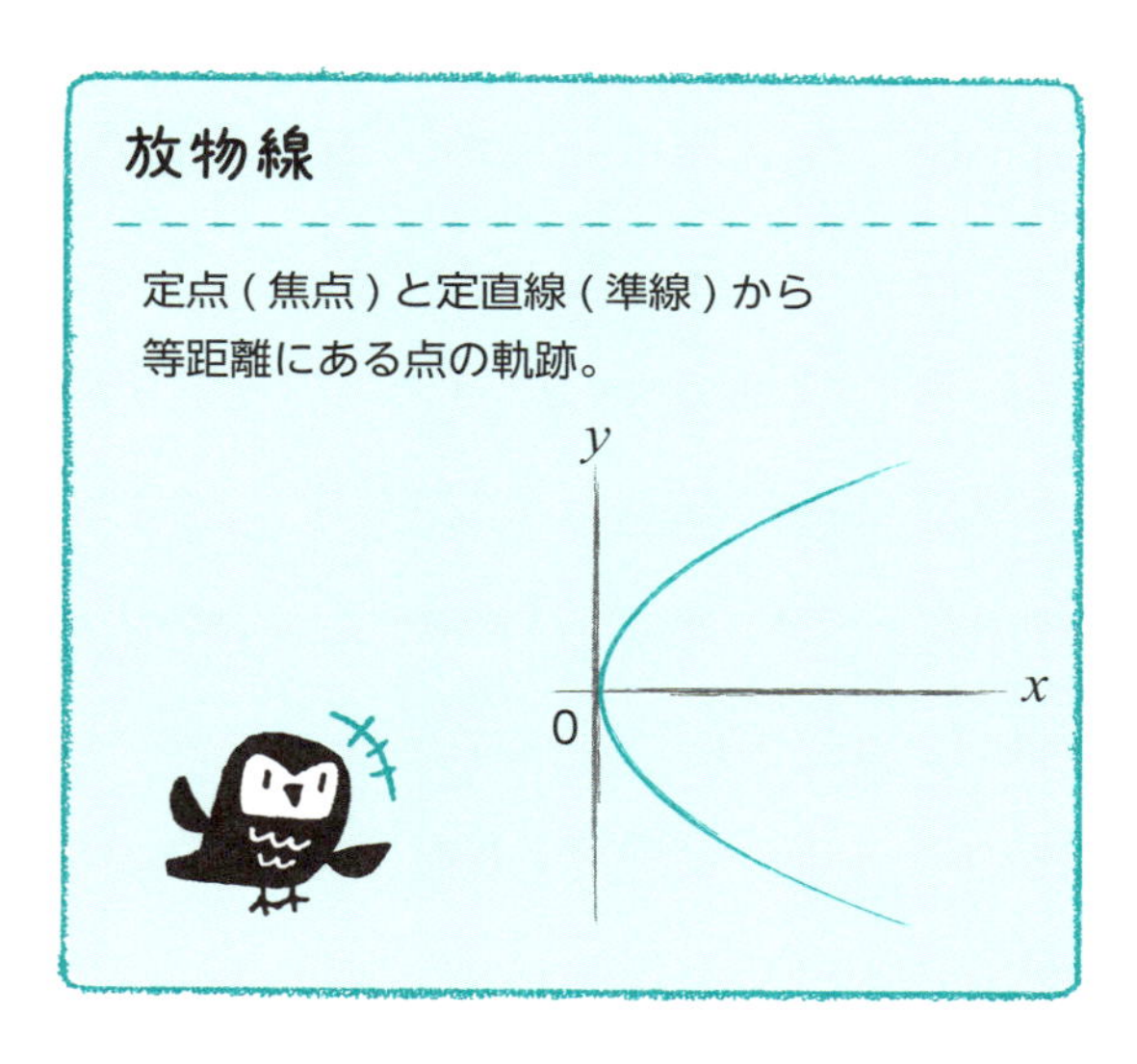

▽放物線の性質

01節では、地球の公転軌道は楕円で、2つの焦点のうちの片方に太陽があると書きました。3つの二次曲線（楕円、双曲線、放物線）を軌跡で定義するとき、焦点を持っています。

次ページの図を見てください。点Fが焦点で、直線l（エル）が準線です。楕円の公転軌道を持っている地球と違い、彗星は何かの理由で太陽の重力圏に入ると、放物線軌道に乗ってしまう場合があります。

そうなると一度は太陽に近づきますが、

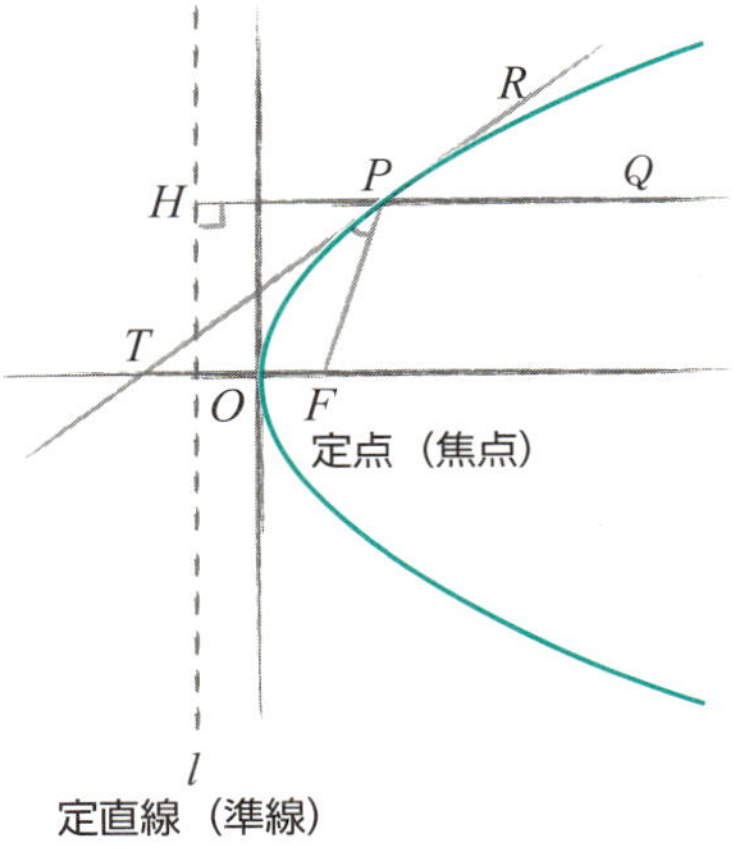

R
P
Q
H
T
O
F
定点（焦点）
l
定直線（準線）

その後は宇宙の彼方に飛んで行って二度と戻って来ません。

焦点と聞いて、何かを思い出さないでしょうか。虫眼鏡などの凸レンズを使って、光が集まる一点も「**焦点**」と呼びます。また、レンズから焦点までの距離を「**焦点距離**」と呼びます。

同じ言葉を使っているのには、それなりに理由があります。放物線の反射鏡（放物面鏡）に平行に入ってきた光は、反射して焦点に集まります。この「焦点」は、放物線を軌跡として定義したときの「焦点」と同じです。そして、放物面鏡の頂点と焦点との距離が焦点距離です。

一点に光が集まる詳しい証明は省略しますが、どんな風に光が反射するかは、右上図のとおりです。平面鏡に反射する光は、入射角と反射角が等しくなります。放物面鏡では反射する鏡が曲線ですから、光が当たる点の接線を考えます。そして、その接線に光が当たって反射していると考えます。図では、∠QPR=∠FPTが入射角と反射角の関係を表しています。この関係が、放物面鏡に平行に入ってくる光すべてに成立します。と言うこと

● 反射望遠鏡のしくみ

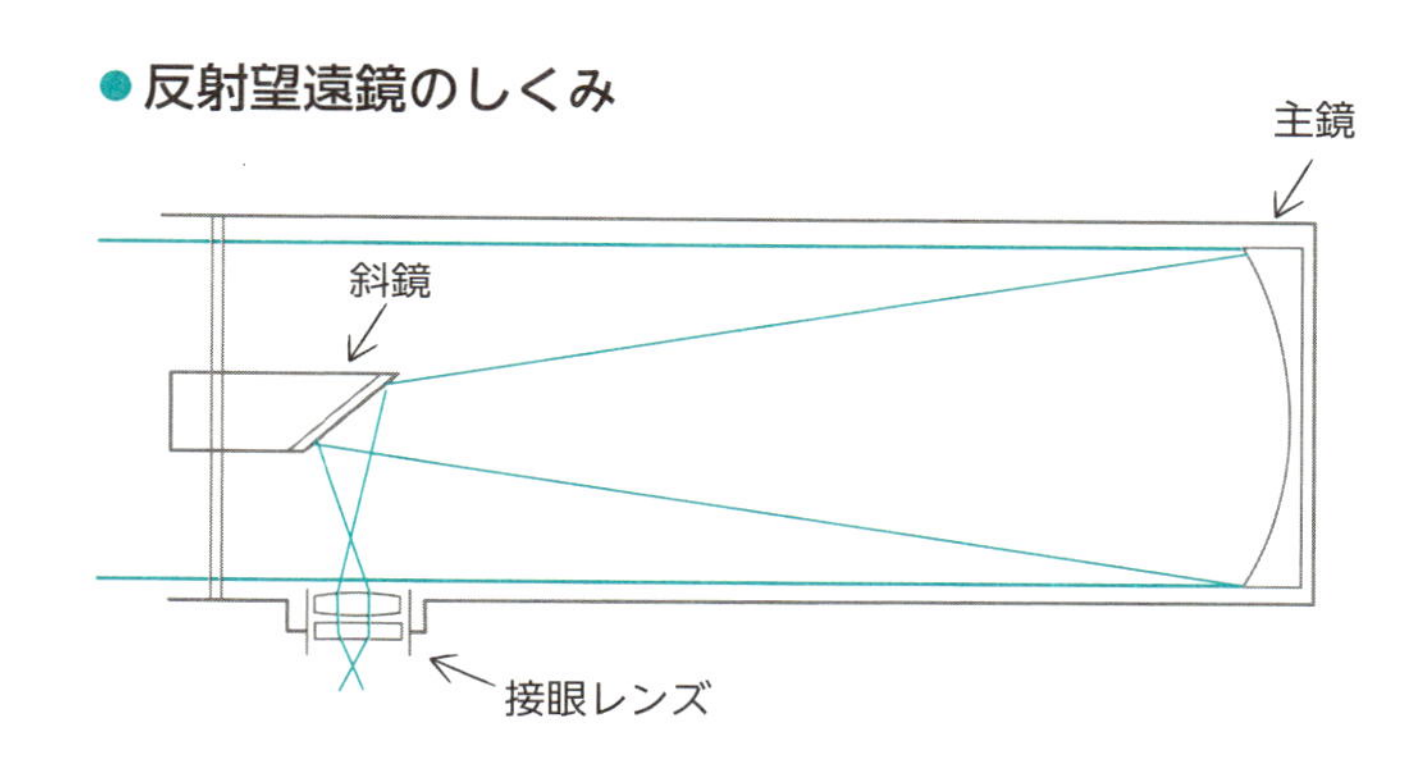

は、平行線は必ず放物面鏡に反射された後に、焦点Fに集まることになります。実は、この放物面鏡の性質を使って作ったのが反射望遠鏡です。

屈折望遠鏡と反射望遠鏡の違い

望遠鏡にも色々な種類があります。屈折望遠鏡は、光が対物レンズを通り抜けて焦点に集まるものです。だから、レンズ自体を光が通るために、その材質であるガラスは均一、かつ透明度も高くないといけません。そのようなレンズを作るためには大変お金がかかります。また、厚みのあるレンズの材質の温度を一定に保って膨張や縮小をさせないようにするのも困難です。

その点、放物面鏡で反射鏡を作れば、ガラスの中を光が通ることはありません。正確な放物面を作り、それに均一なメッキを施して、反射鏡を作ればいいのです。もちろん簡単ではありませんが、分厚い凸レンズよりは、簡単で安く作ることができるのです。

さらに、焦点距離と接眼レンズで倍率が決まることを考えれば、レンズまたは反射鏡の直径を大きくすることで、焦点距離も長くできます。

屈折望遠鏡（対物レンズの焦点距離÷接眼レンズの焦点距離）

反射望遠鏡（主鏡の焦点距離÷接眼レンズの焦点距離）

つまり、反射望遠鏡のほうが、屈折望遠鏡より同じ直径の主鏡を安く作ることができるので、大きな望遠鏡を作りやすくなります。反射望遠鏡には、こんな利点もあるのです。

余談ですが、パラボラアンテナも焦点に電波が集まるように作られています。「パラボラ」という言葉は放物線という意味になります。

PART 5

あの有名な「定理」はホントに役立っているのか？

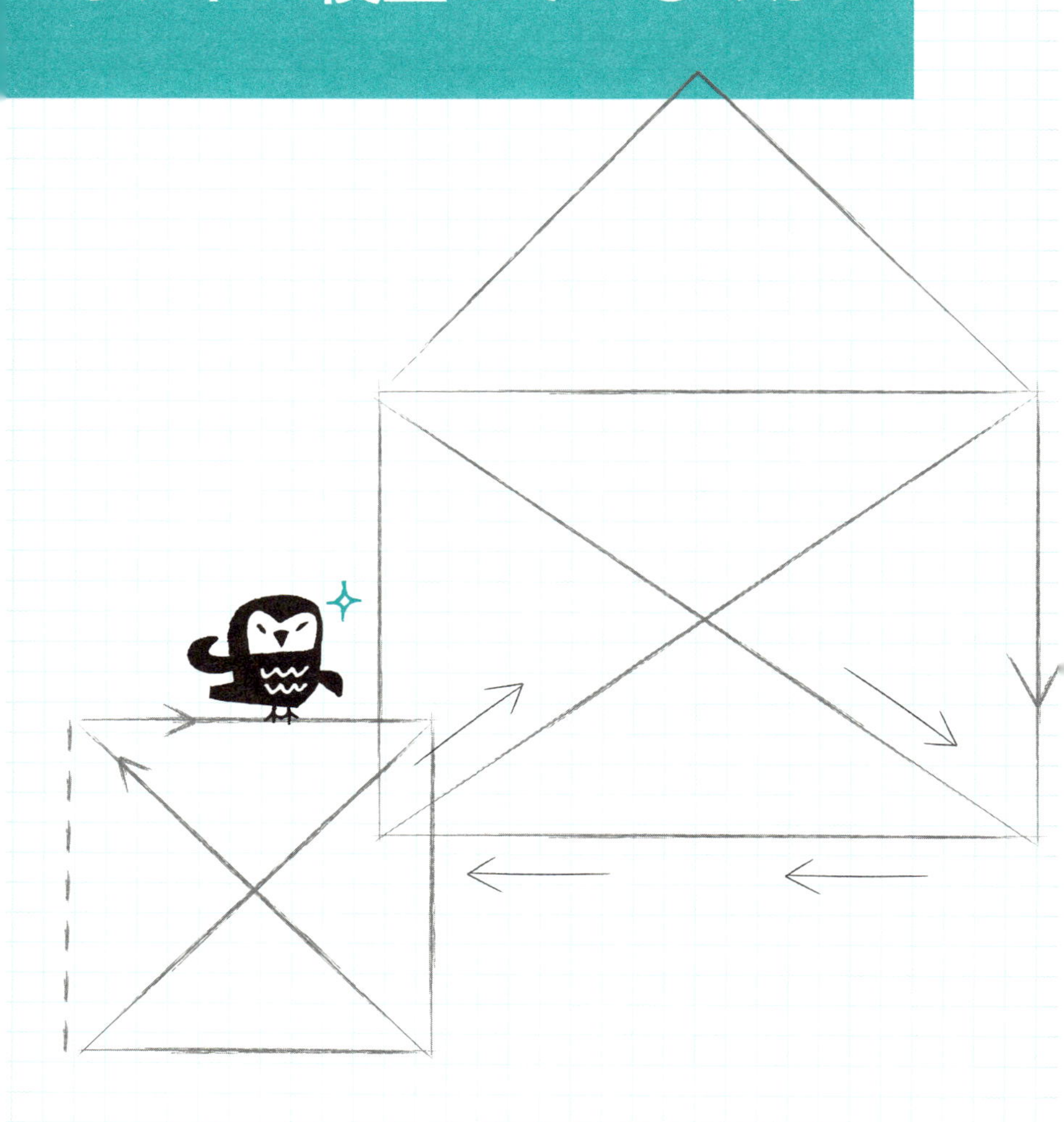

「フェルマーの定理」が数学にもたらしたもの

「フェルマーの最終定理（大定理）」

3 以上の自然数 n について、$x^n+y^n=z^n$ となる自然数 (x, y, z) の組は存在しない。

フェルマーの小定理

素数 p で法 (mod) を考えるとする。
このとき p と互いに素な整数 r に対して、
$r^{p-1}\equiv 1 \pmod{p}$ が成り立つ。

▼フェルマーの定理は何に役立つ？

フェルマーと言うと、やはりたいていの人は最終定理（大定理）を思い浮べるでしょう。大定理があるということは、実は「フェルマーの小定理」もあるのです。たまに、大学入試にも出題されたりします。

どちらの定理も整数論の話で、普通は馴染みがありません。特に大定理は、今のところほとんど応用がありません。

ではなぜ、これほど「フェルマーの大定理」が注目を浴びるのでしょうか。それは、「簡単そうで証明できないから」に尽きると思います。

もし大定理のnが2だとすると、ピタゴラスの定理になります。$x^2+y^2=z^2$を満たすx、y、zは、ピタゴラスの定理を満たす3つの自然数（ピタゴラス数）なので、古代バビロニア文明の頃からたくさん見つけられています。しかし、2が3以上になると、この式を満たす自然数はありません。ものすごく単純ですが、多くの大数学者の挑戦をことごとく退け、証明されませんでした。

もし定理が正しく、そのような自然数が存在しないとなると、どんなことに使えるのでしょうか？　残念ながら、ほとんど役に立ちそうにありません。「○○が存在する」という定理なら、それを使って何かできることがあるかもしれませんが、存在しないとなると何もできません。実用的ではないけれど、フェルマーの大定理には不思議な魅力があるということなのでしょう。

使い途がなくても、大定理を証明しようとして様々な研究が進みました。例えば、「代数幾何学」「楕円曲線」などの分野が発展。もちろん、大定理を証明するためにだけ発展したわけではありませんが、それが1つの動機になったことは確かです。実際、フェルマーの大定理は、代数幾何と楕円曲線の理論を使うことで証明されたのです。

フェルマーの本当の力

ある役が当たった俳優は、ずっとそのイメージがついてまわるものです。フェルマーも、一般的には「フェルマーの大定理」の人というイメージがついていますが、実はそれだけではありません。彼には、普段、私たちがもっとお世話になっている業績があるのです。それがあまり世間に知られていないのは、著作物がほとんどないからです。彼の業績を知るための手段は、手紙くらいしかありません。

そもそも、フェルマーとはどんな人物だったのでしょうか？　ピエール・ド・フェルマーは南フランスのボーモンという町で、１６０７年から１６０８年に生まれたと推定されています。トゥールーズの大学で学び、１６３１年にトゥールーズ議会の参事官の職につきました。この時代の議会は現在の裁判所にあたり、フェルマーは死ぬまでこの職にいて、１６６５年に亡くなりました。

同時代の天才と言えばデカルトですが、数学的にはフェルマーのほうが上だったと言ってもいいでしょう。デカルトもフェルマーも「座標」を導入し、これによって図形を式で表せるようになりました。例えば、円を式で表すと $x^2+y^2=1$ のような2次式になります。逆に、$x^2+y^2=1$ を座標の上に描くと円ができます。

図形を式で表して研究することを、「解析幾何学」と呼びます。座標を作ったのはデカルトということになっていますが、フェルマーも独自に座標を作って、曲線の研究をしていたのです。

さらに、フェルマーは、微分についても画期的な進歩をもたらしました。グラフの山や谷の部分を求めることに接線を用いたのです。これは現在の高校生が習っているのと同じ方法で、「微分は接線の傾き、積分は面積」という発想を持っていたということです。座標を使う方法と合わせて考えれば、フェルマーが近代的な微分積分学の誕生の下地を作ったと言えます。

そして、フェルマーの後を受け継いだのがニュートンだったのです。

02

「グラフ理論」とオイラーの一筆書き

一筆書きの判定法

ある連結グラフが一筆書き可能な場合の必要十分条件は、以下の条件のいずれか一方が成り立つことである。

・すべての頂点の次数（頂点につながっている辺の数）が偶数
・次数が奇数である頂点の数が２で、残りの頂点の次数はすべて偶数

オイラーは、この問題を以下のグラフに応用して考えた。

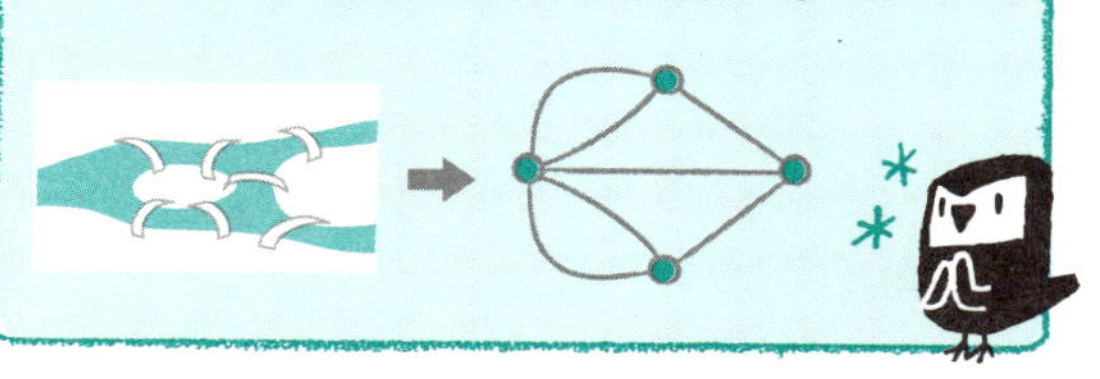

グラフ理論の夜明け

かつて、ケーニヒスベルクという都市がありました。今はカリーニングラードと呼ばれている東プロシアの古い町です。そこを流れているプレーゲル川は、町を中央のクナイホフという島を含む４つのエリアに分けています。

この川には、７つの橋が架けられていました。町の人は、すべての橋を1回ずつ通って一度で渡り切る道順を探しましたが、誰も見つけられませんでした。結局そんなルートはない、と考える人も出てきました。この主張を、数学的に証明したのがオイラーです。

レオンハルト・オイラーは、スイスの優れた数学者でした。ロシアの学会に招かれ、サンクトペテルブルクで多くの論文を書いています。あまりに書き過ぎて視力を失ったほどです。

１７３６年、その中の論文でケーニヒスベルクの橋の問題を解決しました。このとき、オイラーは「これは新しい幾何の誕生だ」と述べています。それまでの幾何は長さを調べたり、面積を調べたりすることが中心でした。彼は、現在の「位相幾何学」と言われる分野を頭の中に思い描いていたようです。

オイラーの論文は、グラフ理論（四色問題のところでお話ししました）に近い幾何を考えたものでした。場所のつながりだけを考えて、面積は気にしない。実際、これがグラフ理論に関する最初の論文とされています。数学で発生がはっきりしている分野はそれほど多くありませんが、「グラフ理論はオイラーの論文によって始まった」とはっきり特定できる珍しい分野なのです。

巨人オイラーの解決法

ケーニヒスベルクの橋と川で分けられた各地区は、冒頭にある「グラフ」と呼ばれる図形で表すことができます。面積は関係ないので各地区は点で、橋はその点を結ぶ辺で表し

一筆書きができる図

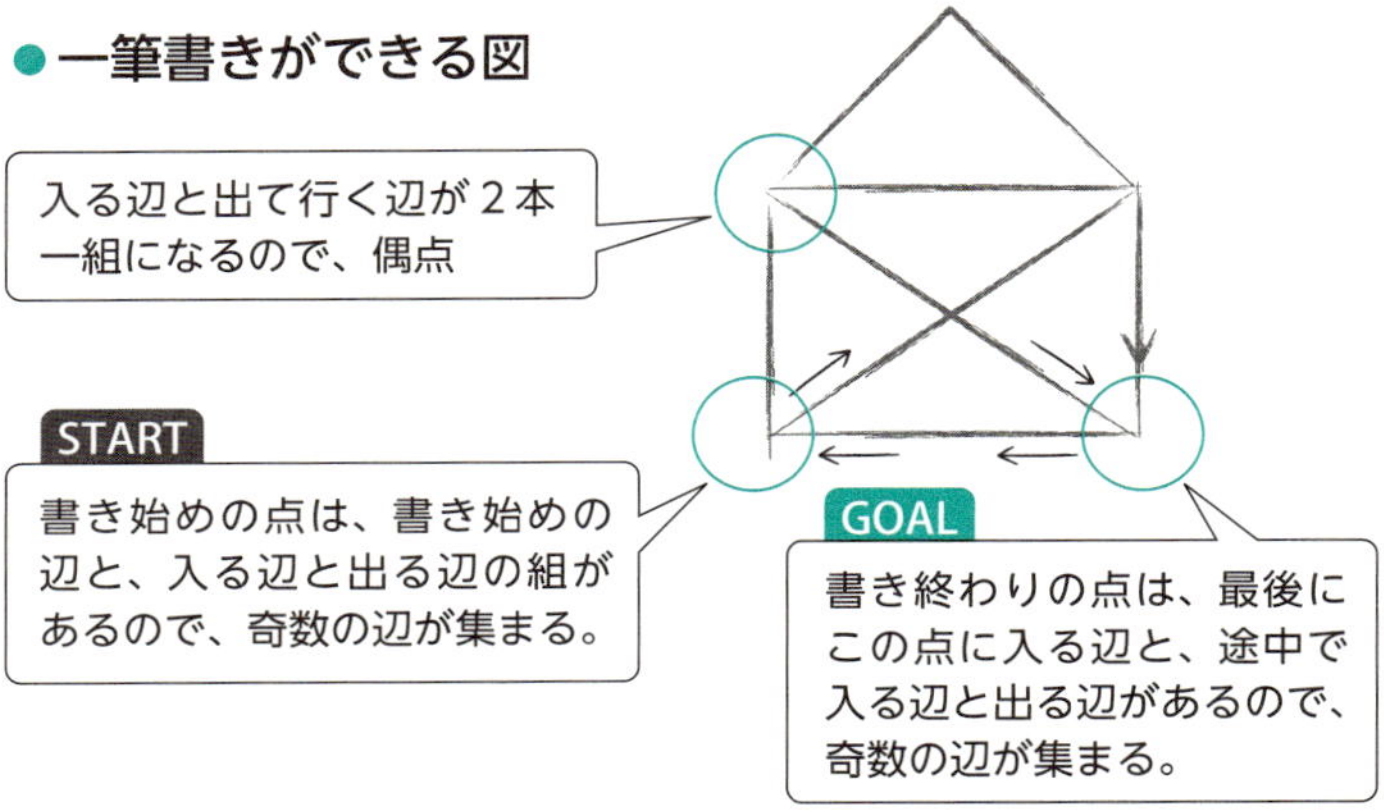

入る辺と出て行く辺が２本一組になるので、偶点

START

書き始めの点は、書き始めの辺と、入る辺と出る辺の組があるので、奇数の辺が集まる。

GOAL

書き終わりの点は、最後にこの点に入る辺と、途中で入る辺と出る辺があるので、奇数の辺が集まる。

ます。

一度ずつ橋を通って渡り切るということは、このグラフを一筆書きすることと同じです。一筆書きが成立する条件は、それほど難しくありません。点に接続する辺の数を考えるのです。ちなみに、頂点は何度通ってもかまいません。

接続する辺が偶数の点を「**偶点**」、奇数の点を「**奇点**」と呼びます。

一筆書きするときは、ある点に来たら同じ道を通らずに出て行きます。各頂点で入る辺と出て行く辺で一組にならないといけません。ということは、一筆書きができるなら、点と接続する辺は偶数でなければなりません。奇数の辺が集まってもよい場合は、入る辺と出る辺の他に書き出しの辺（あるいは、それで終わる辺）が1本加わるときです。もし始めの点が、終わり

一筆書きができない図形

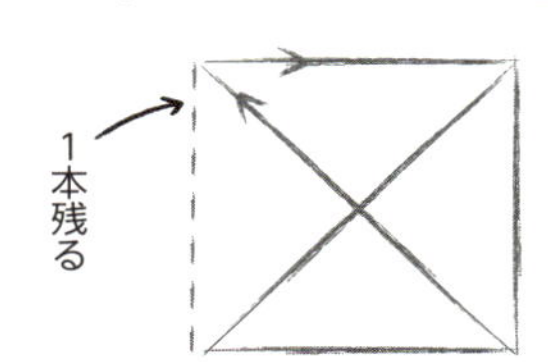

一筆書きは、点に入ったら必ず出て行かなければならない。例外は、始点と終点だけ。この図形は、入る辺と出る辺の他に1本の辺がある、奇点が4つあるので、一筆書きはできない。

の点と重なっているときは、この点も偶点になります。始点と終点が一致しない場合だけ、始点と終点の2つの点だけが奇点になります。

ということから、一筆書きが可能かどうかの条件は、「グラフが奇点を持たないか、持つとしてもちょうど2つだけである」となります。ケーニヒスベルクの橋は4つの点がすべて奇点になっているので、一筆書きはできません。

現代において、グラフ理論は一筆書きだけではなく、コンピュータ内部のファイルシステムのつなげ方、脳における神経繊維ニューロンの結節の仕方、大きなビル内の配線方法など様々な分野で貢献しています。四色問題の解決を始め、多くの応用例のある重要な理論に育ったのです。

たった5つの図形を導き出す「オイラーの多面体定理」

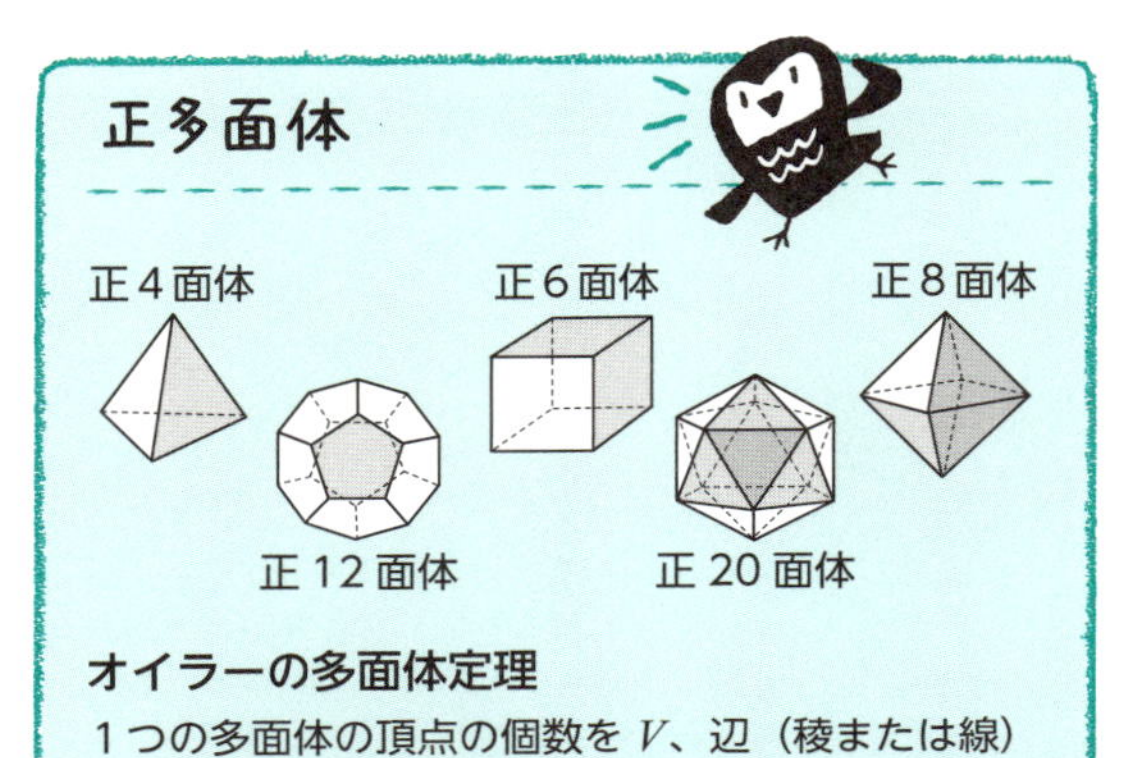

神聖なる5つの正多面体

立体図形には様々なものがありますが、とりわけ正多面体はとてもキレイな形をしています。対称性が高い図形は生物が前進するためにバランスがいいので、体の中に対称性を大切にする性質があっても不思議ではありません。

正多面体の定義は次の3つ。3つ目の条件は、普通は定義に入れませんが、凹んだ多面体もあるので念のため入れておきましょう。

1. すべての面が合同な正多角形で作られている。
2. すべての頂点に集まる辺の数は等しい。

3．凸多面体である。

これらの定義から導き出される正多面体は5つしか存在しません。紀元前3世紀には、すでに5つとも判明していたようですが、テアイテトスやピタゴラスによって証明されていた可能性があります。5つしかないということも、正多面体を特別視する原因になったのでしょう。

プラトンは5つの正多面体に特別な感情を抱き、当時考えられていた世界を作る4つの元素と対応させていました。とりわけ正12面体は特別扱いで、宇宙と対応させていました。

あのケプラーも、正多面体が5つであることを根拠に、太陽系の惑星が5つであると主張しました。もちろん、そんなわけないのですが、正多面体がいかに聖なる形と考えられていたかがよくわかります。

正多面体の数を証明してみよう

高校で習う整数の性質とオイラーの多面体定理を使って、正多面体が5つしかないことを証明してみましょう。この定理は、多面体の面と辺と頂点の個数に関するものです。実際に描いて数えればわかるので、ぜひ簡単な多面体で確かめてみてください。正多面体は、その定義から、面を作る辺の数、すなわち正M角形のMと、1つの頂点に集まる辺の数N

を決めると導き出されます。

それでは、証明してみましょう。1つの多面体の頂点の個数をV、辺の本数をE、面の枚数をFとすると、次の方程式が成立します。

$V-E+F=2$ …（1）

これを正多面体について使います。正多面体を作る1つの面（正M角形）には辺がM本あります。それがF枚なので、MFを考えると、2つの面で1つの辺を2回数えていることになります。それで辺の数について、次の式が成立します。

$MF=2E$ …（2）

1つの辺には2つの頂点があります。V個頂点があり、そこにN本の辺が集まるのでVNは辺の数の2倍になります。よって、次の式が成立します。

$NV=2E$ …（3）

（2）（3）からFとVをE、M、Nで表すと、次のようになります。

$F=\frac{2E}{M}, V=\frac{2E}{N}$

この式を（1）に代入すると

M	3	3	3	4	5
N	3	4	5	3	3
$M-2$	1	1	1	2	3
$N-2$	1	2	3	1	1
$(M-2)(N-2)$	1	2	3	2	3

$$\frac{2E}{N}-E+\frac{2E}{M}=2$$

この式の両辺をEで割ると

$$\frac{2}{N}+\frac{2}{M}-1=\frac{2}{E}\quad\therefore\frac{2}{N}+\frac{2}{M}=1+\frac{2}{E}$$

$\frac{2}{E}>0$ ですから、

$\frac{2}{N}+\frac{2}{M}>1$ 両辺にMNをかけて $2M+2N>MN$

$$MN-2M-2N<0$$

この不等式を満たす自然数M、Nを、すべて求めればいいことになります。これは、高校の教科書に出てくる整数の性質を使うと求められます。最初にわざと左辺を因数分解の形$(M-2)(N-2)$に変形します。しかし、これは4だけ左辺より大きいので右辺にも4を足しておきます。すると、次の式ができます。

$(M-2)(N-2)<4$ …（4）

Mは正M角形のMですから3以上です。Nは正多面体の頂点に集まる辺の本数ですから、Nも3以上です。この条件を満たしているM、Nで（4）の不等式を満たしている組を求めます。それほど多い組み合わせではないので、1つずつ確かめていけば前ページのような表になります。

この表から求めるMとNの組み合わせは次のようになります。

$(M,N)=(3,3),(3,4),(3,5),(4,3),(5,3)$

この組と冒頭の正多面体の図を見れば、対応はすぐわかるでしょう。上から正4面体、正8面体、正20面体、正6面体、正12面体となります。正多面体がこれしかないということが、私もちょっと不思議です。

万能の「証明」は存在するのか？

証明

ある命題が正しいことを、
いくつかの公理から
論理的に導くこと。

哲人アリストテレスの証明

1つの考え方で現実を理解しようとすると、たいていの場合は破綻します。例えば、宗教団体の教義にも自己矛盾することが書かれてあったりします。

ピタゴラス学派の教義「万物は数である」は、まさにピタゴラスの定理で破綻しています。ここでの数とは、自然数とその比（2／3や5／6のような分数のこと）を指します。つまり「万物は数である」が正しいとなると、世界は自然数と分数でできていないといけません。

しかし、ピタゴラスの定理によると三角形の辺には$\sqrt{2}$も$\sqrt{3}$もあります。これは、自然数の比で表せない無理数です。無理数は小数点以下に規則性のない数が無限に続きます。つまり、長さを正確に測れない数ということ。ですから、昔の建築に携わった人は、無理数の長さの図形を使うのを嫌がりました。

最初に、自然数の比（分数）で表せない数があることに気づいたのは誰なのでしょう？ それを証明したのは、ギリシャの哲人アリストテレスです。そのままでは表現が難しいので、それと同じ方法を使った高校の教科書での証明を紹介しましょう。

「$\sqrt{2}$が無理数であることの証明」は、「無理数である」という結論を否定して、$\sqrt{2}$が有理数であるとします。有理数であるということは、$\sqrt{2}$が自然数の比、すなわち分数で表せるということ。

$\sqrt{2}=\frac{m}{n}$（m、nは自然数で互いに素）…（1）

ここで、「**互いに素**」という言葉が出てきました。これは、**m、nの公約数が1だけである**、という意味です。

結論を否定したので、次は矛盾を出しましょう。

（1）の両辺を2乗します。

$\frac{m^2}{n^2}=2$　$\therefore m^2=2n^2$ …（2）

n^2の2倍と等しいということは、m^2は偶数ということになります。2乗して偶数になる数は偶数です。つまり、mは偶数となります。偶数は自然数の2倍になりますから、kを自然数として$m=2k$と表せます。この式を（2）に代入すると

$(2k)^2=2n^2$　$\therefore 4k^2=2n^2$　$\therefore 2k^2=n^2$

よって、nは偶数になります。すると、mもnも偶数となり、公約数2を持つことになります。これは、mとnの公約数が1だけ、すなわち互いに素であることに矛盾します。

以上で、$\sqrt{2}$が無理数であることがわかりました。

背理法の限界

このアリストテレスの証明は背理法を使っています。しかし、証明自体があまりに抽象的に整理されているので、アリストテレスを無理数の発見者とするのは少し無理があるでしょう。それまでの先人の影が見え隠れします。実は、無理数の発見者はピタゴラス学派のヒッパソスであると考えられています。ちなみに、彼の証明は図形を使ったものでした。

背理法という証明法は、数学ではとても強力な手段です。**結論を否定して矛盾が導かれ**

ると、そもそも結論を否定したことが間違っており、もとの結論が正しいということになります。ここに数学の論理の特徴があります。それは「真」か「偽」か、どちらかしかないということ。偽であると仮定して、矛盾が出ればもとの命題は真となります。これは数学の論理の限界とも言えます。

現実の世界では、真と偽はそのときの社会情勢で変わることがありますし、「あまり正しくないけれども今はこれでやるしかないな」という真と偽の中間もあります。一方で、数学の真偽は間に完璧に線が引けて、境がはっきりしています。現実の社会でこんなことはありません。例えば、「インフレの時代だ」といっても安くなっている物もあるのが普通です。

ＯＥＣＤによるインフレの定義は、すべての物価が2年間上昇することですが、それが現実に起こるかということ調べること自体難しいでしょう。数学の論理と現実の感覚や気持ちは、必ずしも一致しません。数学で真偽を判断しても、それが現実の真偽の判断になるかどうかはわからないのです。

数学の専門家はよく理屈っぽいと言われますが、私は違うと思っています。数学は事実と現象を扱うので、理屈だけの人に数学は向きません。理屈だけなら誰でもわかりますが、事実が絡むと理屈だけでは理解できません。現実を直接とらえる能力が必要になるのです。

実際、私のまわりの数学者に理屈っぽい人はいません。

背理法は、「$\sqrt{2}$は無理数である」のような性質を調べる証明にはとても有効です。しかし、20世紀になって大きな壁にぶつかりました。ある関数の存在を証明するときに背理法を使うとします。存在を否定して矛盾を出す。しかし、この関数は存在します。この証明法では、その関数はどこに存在するのでしょう。背理法ではわかりません。

何かの存在を証明するときには、その何かの存在が必要なはずです。それがなければ存在しないも同然です。特に「こんな関数がほしい」という時は、その関数を作るのが筋です。背理法ではできません。強力に見える証明法でも、その有効な範囲が決まっています。何にでも使える、万能な証明などないということです。

無限個の数を一気に証明できる「数学的帰納法」

数学的帰納法

自然数に関する命題 $P(n)$ が、すべての n に対して成立することを証明する方法。

1. $P(1)$ が成立することを示す。
2. 任意の自然数 k に対して、$P(k) \Rightarrow P(k+1)$ が成立することを示す。
3. 1 と 2 の議論から任意の自然数 n について $P(n)$ が成立することが結論づけられる。

みんな大嫌いな「数学的帰納法」

背理法と同じく「数学的帰納法」も、高校数学で嫌がられる項目の1つです。

ほとんどの定理は、無限個存在するものの性質を表しています。1つひとつに対応していたら死ぬまで証明しきれません。例えば、1つの二等辺三角形だけに当てはまる定理は、別の二等辺三角形には適用できません。すべての二等辺三角形に成り立つ性質を使って、証明しなければならないのです。

同じように、無限個の数について、次ページの（P）のような公式を一度に証明するにはどうしたらいいでしょうか？　この式にあるのは奇数の足し算だけです。

●奇数の和

自然数 n に対し、次の式が成立する。

(P) $1+3+\cdots+(2n-1)=n^2$

(P) を証明

（Ⅰ）$n=1$ の場合

(P) の左辺＝1 かつ (P) の右辺＝$1^2=1$

よって、$n=1$ のとき (P) が成立する。

（Ⅱ）$n=k$ のとき、(P) が成立すると仮定する。

すなわち $1+3+5+\cdots+(2k-1)=k^2$ が成立すると仮定する。

このとき、$n=k+1$ の場合を考えると

$1+3+5+\cdots+(2k-1)+(2k+1)$

$=k^2+(2k+1)$

$=(k+1)^2$

よって、$n=k+1$ のときも (P) が成立する。

以上（Ⅰ）と（Ⅱ）より、数学的帰納法によってすべての自然数 n に対し (P) が成立する。

証明に足し算しか使わないとなると、この式がすべての奇数について成立するかどうか、確かめ続けなければなりません。有限の時間しか生きられない人間が、無限にある自然数について（P）の等式を証明するなんて永遠にできません。そのようなときこそ、「**数学的帰納法**」はとても有効です。

そもそも、なぜ数学的帰納法で証明すると、すべての自然数について証明したことになるのでしょうか？　数学的帰納法の第1段階は、定理が成立する一番小さな自然数から始めます。例えば、n＝1について証明した後に、すべての自然数kに対し「n＝kのとき（P）が成立するなら、n＝k+1についても（P）

●数学的帰納法はドミノ倒しのようなもの

$n=k$ 枚目が倒れたら
$n=k+1$ 枚目も倒れる。
これが $n=k$ の場合を仮定して、
$n=k+1$ の場合を証明すること。

1 枚目のドミノを倒す。
これが $n=1$ のときを
示すこと。

$n=1$ のとき、(P) は $1=1^2$
$n=2$ のとき、(P) は $1+3=2^2$
$n=3$ のとき、(P) は $1+3+5=3^2$

$2n-1$ は $n=1$ のとき 1
$n=2$ のとき 3
$n=3$ のとき 5
⋮

自然数全体で
証明されたことになるんだね

が成立する」ということを証明します。すべての自然数の中から、1つkを選んで仮定します。

「すべての自然数kの中から1つ選んで、n＝kについて定理が成立するなら、n＝k+1についても定理が成立する」とは、あくまでも1つの自然数kについて定理が成立するとすれば、と言っているだけです。すべての自然数kに対して、同時に定理が成立していると仮定しているのではありません。

1つのn＝kについて定理が成立していると仮定すると、次の数n＝k+1についても定理が成立することを証明しています。つまり、どの自然数kを選んでも、kの場合からk+1の場合が証明できますよ、と言っているわけです。定理の結論を使ってはいません。

これが証明できると、なぜいいのでしょうか？　第1段階でn＝1のときに定理が成立することがわかります。すると、n＝1のときに成立しているので、第2段階でk＝1と考えればk+1のときも定理は成立します。すると、k＝2のときにも定理が成立します。今度はk＝2のときに定理が成立すれば、k＝3のときにも定理が成立することになります。

この繰り返しがどこまでも続くので、自然数全体で証明されたことになります。無限に続くドミノ例しのように、一番前のドミノを倒すと後ろにあるすべてのドミノが倒れるのです。

数の中で一番簡単な構造の自然数でも、無限個の要素があります。人間がそれを扱うには、無限の繰り返しを続けられる手段が必要になります。それが「数学的帰納法」なのです。

数学では扱う対象を必ず定義します。自然数も「〇〇を自然数と言います」と約束するわけです。実は、自然数の定義の中に「数学的帰納法が成立する」を意味する文章があります。すなわち、数学的帰納法が成立する数が自然数なのです。自然数は矛盾を起こさないという証明がされているので、安心して数学的帰納法を使っても大丈夫です。数学的帰納法は、自然数の性質の中に組み込まれている証明方法なのです。

柳谷 晃（やなぎや・あきら）

早稲田大学理工学部数学科卒業、同大学院理工学研究科博士課程修了。現在、早稲田大学高等学院教諭、早稲田大学理工学術院兼任講師、早稲田大学複雑系高等学術研究所研究員。専門は微分方程式とその応用。研究・教育のかたわら、数学をその背景をなす歴史や社会とともに魅力溢れる語り口で語ってきた。おもな著書に『数学はなぜ生まれたのか？』（文藝春秋）、『天才数学者たちの超・発想法』（大和書房）、おもな翻訳書に『掟破りの数学』（共立出版）などがある。

ぼくらは「数学」のおかげで生きている

2015年 8月31日 初版第1刷発行

著　者　柳谷晃
発行者　池澤徹也
発行所　株式会社 実務教育出版
〒163-8671　東京都新宿区新宿 1-1-12
電話　03-3355-1812（編集）　03-3355-1951（販売）
振替　00160-0-78270

印刷／壮光舎印刷　　製本／東京美術紙工

ISBN978-4-7889-1144-4　C0041

《素晴らしきサイエンス》シリーズ第1弾

ぼくらは「化学」のおかげで生きている

齋藤勝裕 著

- え、レモンが電池になるの？
- LED や有機 EL はなぜ発光する？
- pH 値いくつから酸性雨になるのか？
- 化学肥料が持つ悪魔の顔とは？……etc.

あなたのまわりの不思議を「化学」すれば、
世界はもっとワクワクします!!

定価 1400 円（税別）　ISBN978-4-7889-1141-3